中国中药资源大典
——中药材系列
中药材生产加工适宜技术丛书
中药材产业扶贫计划

紫菀生产加工适宜技术

总 主 编　黄璐琦
主　　编　葛淑俊
副 主 编　杨太新　孟义江

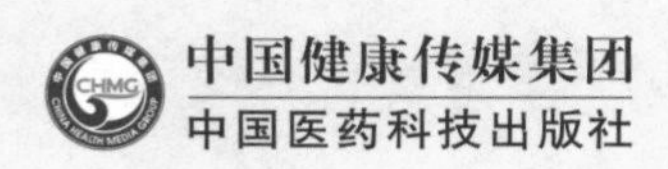

内容提要

《中药材生产加工适宜技术丛书》以全国第四次中药资源普查工作为抓手，系统整理我国中药材栽培加工的传统及特色技术，旨在科学指导、普及中药材种植及产地加工，规范中药材种植产业。本书为紫菀生产加工适宜技术，包括：概述、紫菀药用资源、紫菀栽培技术、紫菀药材质量评价、紫菀现代研究与应用等内容。本书适合中药种植户及中药材生产加工企业参考使用。

图书在版编目（CIP）数据

紫菀生产加工适宜技术 / 葛淑俊主编 . — 北京：中国医药科技出版社，2018.7

（中国中药资源大典 . 中药材系列 . 中药材生产加工适宜技术丛书）

ISBN 978-7-5214-0344-2

Ⅰ . ①紫…　Ⅱ . ①葛…　Ⅲ . ①紫菀－栽培技术 ②紫菀－中药加工　Ⅳ . ① S567.9

中国版本图书馆 CIP 数据核字（2017）第 119803 号

美术编辑　陈君杞
版式设计　锋尚设计

出版　**中国健康传媒集团**｜中国医药科技出版社
地址　北京市海淀区文慧园北路甲 22 号
邮编　100082
电话　发行：010-62227427　邮购：010-62236938
网址　www.cmstp.com
规格　710 × 1000mm　1/16
印张　5 1/4
字数　46 千字
版次　2018 年 7 月第 1 版
印次　2018 年 7 月第 1 次印刷
印刷　北京盛通印刷股份有限公司
经销　全国各地新华书店
书号　ISBN 978-7-5214-0344-2
定价　26.00 元

版权所有　盗版必究
举报电话：010-62228771
本社图书如存在印装质量问题请与本社联系调换

中药材生产加工适宜技术丛书

—— 编委会 ——

总 主 编 黄璐琦

副 主 编（按姓氏笔画排序）

王晓琴 王惠珍 韦荣昌 韦树根 左应梅 叩根来
白吉庆 吕惠珍 朱田田 乔永刚 刘根喜 闫敬来
江维克 李石清 李青苗 李旻辉 李晓琳 杨 野
杨天梅 杨太新 杨绍兵 杨美权 杨维泽 肖承鸿
吴 萍 张 美 张 强 张水寒 张亚玉 张金渝
张春红 张春椿 陈乃富 陈铁柱 陈清平 陈随清
范世明 范慧艳 周 涛 郑玉光 赵云生 赵军宁
胡 平 胡本祥 俞 冰 袁 强 晋 玲 贾守宁
夏燕莉 郭兰萍 郭俊霞 葛淑俊 温春秀 谢晓亮
蔡子平 滕训辉 瞿显友

编 委（按姓氏笔画排序）

王利丽 付金娥 刘大会 刘灵娣 刘峰华 刘爱朋
许 亮 严 辉 苏秀红 杜 弢 李 锋 李万明
李军茹 李效贤 李隆云 杨 光 杨晶凡 汪 娟
张 娜 张 婷 张小波 张水利 张顺捷 林树坤
周先建 赵 峰 胡忠庆 钟 灿 黄雪彦 彭 励
韩邦兴 程 蒙 谢 景 谢小龙 雷振宏

学术秘书 程 蒙

本书编委会

主　　编　葛淑俊

副 主 编　杨太新　孟义江

编写人员（按姓氏笔画排序）

马春英（河北农业大学）
刘晓清（河北农业大学）
杜艳华（河北农业大学）
张　庚（河北农业大学）
靳小莎（河北农业大学）
魏俊杰（保定学院）

序

我国是最早开始药用植物人工栽培的国家，中药材使用栽培历史悠久。目前，中药材生产技术较为成熟的品种有200余种。我国劳动人民在长期实践中积累了丰富的中药种植管理经验，形成了一系列实用、有特色的栽培加工方法。这些源于民间、简单实用的中药材生产加工适宜技术，被药农广泛接受。这些技术多为实践中的有效经验，经过长期实践，兼具经济性和可操作性，也带有鲜明的地方特色，是中药资源发展的宝贵财富和有力支撑。

基层中药材生产加工适宜技术也存在技术水平、操作规范、生产效果参差不齐问题，研究基础也较薄弱；受限于信息渠道相对闭塞，技术交流和推广不广泛，效率和效益也不很高。这些问题导致许多中药材生产加工技术只在较小范围内使用，不利于价值发挥，也不利于技术提升。因此，中药材生产加工适宜技术的收集、汇总工作显得更加重要，并且需要搭建沟通、传播平台，引入科研力量，结合现代科学技术手段，开展适宜技术研究论证与开发升级，在此基础上进行推广，使其优势技术得到充分的发挥与应用。

《中药材生产加工适宜技术》系列丛书正是在这样的背景下组织编撰的。该书以我院中药资源中心专家为主体，他们以中药资源动态监测信息和技术服务体系的工作为基础，编写整理了百余种常用大宗中药材的生产加工适宜技术。全书从中药材的种植、采收、加工等方面进行介绍，指导中药材生产，旨在促进中药资源的可持续发展，提高中药资源利用效率，保护生物多样性和生态环境，推进生态文明建设。

丛书的出版有利于促进中药种植技术的提升，对改善中药材的生产方式，促进中药资源产业发展，促进中药材规范化种植，提升中药材质量具有指导意义。本书适合中药栽培专业学生及基层药农阅读，也希望编写组广泛听取吸纳药农宝贵经验，不断丰富技术内容。

书将付梓，先睹为悦，谨以上言，以斯充序。

中国中医科学院 院长

中国工程院院士 张伯礼

丁酉秋于东直门

总前言

中药材是中医药事业传承和发展的物质基础，是关系国计民生的战略性资源。中药材保护和发展得到了党中央、国务院的高度重视，一系列促进中药材发展的法律规划的颁布，如《中华人民共和国中医药法》的颁布，为野生资源保护和中药材规范化种植养殖提供了法律依据；《中医药发展战略规划纲要（2016—2030年）》提出推进“中药材规范化种植养殖”战略布局；《中药材保护和发展规划（2015—2020年）》对我国中药材资源保护和中药材产业发展进行了全面部署。

中药材生产和加工是中药产业发展的“第一关”，对保证中药供给和质量安全起着最为关键的作用。影响中药材质量的问题也最为复杂，存在种源、环境因子、种植技术、加工工艺等多个环节影响，是我国中医药管理的重点和难点。多数中药材规模化种植历史不超过30年，所积累的生产经验和研究资料严重不足。中药材科学种植还需要大量的研究和长期的实践。

中药材质量上存在特殊性，不能单纯考虑产量问题，不能简单复制农业经验。中药材生产必须强调道地药材，需要优良的品种遗传，特定的生态环境条件和适宜的栽培加工技术。为了推动中药材生产现代化，我与我的团队承担了农业部现代农业产业技术体系“中药材产业技术体系”建设任务。结合国家中医药管理局建立的全国中药资源动态监测体系，致力于收集、整理中药材生产加工适宜技术。这些适宜技术限于信息沟通渠道闭塞，并未能得到很好的推广和应用。

本丛书在第四次全国中药资源普查试点工作的基础下，历时三年，从药用资源分布、栽培技术、特色适宜技术、药材质量、现代应用与研究五个方面系统收集、整理了近百个品种全国范围内二十年来的生产加工适宜技术。这些适宜技术多源于基层，简单实用、被老百姓广泛接受，且经过长期实践、能够充分利用土地或其他资源。一些适宜技术尤其适用于经济欠发达的偏远地区和生态脆弱区的中药材栽培，这些地方农民收入来源较少，适宜技术推广有助于该地区实现精准扶贫。一些适宜技术提供了中药材生产的机械化解决方案，或者解决珍稀濒危资源繁育问题，为中药资源绿色可持续发展提供技术支持。

本套丛书以品种分册，参与编写的作者均为第四次全国中药资源普查中各省中药原料质量监测和技术服务中心的主任或一线专家、具有丰富种植经验的中药农业专家。在编写过程中，专家们查阅大量文献资料结合普查及自身经验，几经会议讨论，数易其稿。书稿完成后，我们又组织药用植物专家、农学家对书中所涉及植物分类检索表、农业病虫害及用药等内容进行审核确定，最终形成《中药材生产加工适宜技术》系列丛书。

在此，感谢各承担单位和审稿专家严谨、认真的工作，使得本套丛书最终付梓。希望本套丛书的出版，能对正在进行中药农业生产的地区及从业人员，有一些切实的参考价值；对规范和建立统一的中药材种植、采收、加工及检验的质量标准有一点实际的推动。

黄璐琦

2017年11月24日

前　言

随着中药材现代化发展进程的不断推进，中药材的相关研究开展得如火如荼。从本草考证、种质资源鉴定、栽培学、育种学、药物化学和药理学等各个方面展开了深入研究。药材的道地性和规范性逐渐科学化，一些大宗道地药材首先成为研究的重点。

紫菀是菊科多年生草本植物，以根和根茎入药，始载于《神农本草经》，列为中品，具有润肺下气、消痰止咳的功效，药用历史悠久。紫菀对土壤选择性不高，分布区域广泛，在东北、华北、甘肃、安徽等地均有分布，集中产区位于河北安国市和安徽亳州市。紫菀除药典收录的原植物外，各地还有一些习用药如山紫菀等。本书在参考已有文献的基础上，结合历年药典的规定，对紫菀植物从资源类型到生物学特性、从种子种苗繁育到大田生产技术、从药用成分研究到药理和临床应用，全面介绍了紫菀的生物学、农学、药学的知识、原理和技术。本书内容分为五章，第1章为概述，简要介绍了紫菀的分布、成分、功效、炮制和发展方向。第2章为紫菀药用资源，包括紫菀的形态特质、分类检索和生物学特性。第3章为紫菀栽培技术，包括紫菀种子种苗繁育、栽培技术、采收和产地加工技术。第4章为紫菀药材质量评价，包括紫菀本草考证与

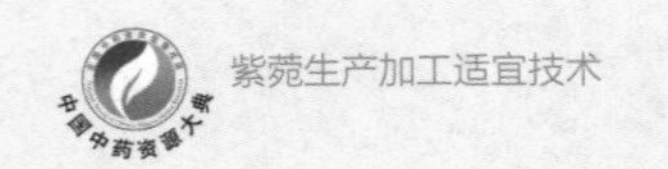

道地沿革、药典标准和质量评价。第5章为紫菀现代研究与应用，包括紫菀化学成分、药理作用和应用等。

本书对紫菀种质资源类型、种苗繁育和药材的生产加工适宜技术、药材质量和现代应用等进行了系统总结，可为紫菀的规范化种植、产地加工等提供指导，为深入开发紫菀资源和拓宽应用领域提供参考。本书可供农林院校和中医院校作为中医中药学专业的参考书，也可作为从事紫菀药材资源、生产和加工技术研究的专业技术人员和科研工作者的参考书。

本书在编写过程中查阅了大量的文献，部分文献选录书后，由于文献较多，未列部分敬请作者谅解。鉴于编者水平有限，且时间仓促，本书不可避免的存在一些缺点和错误，真诚的希望读者提出宝贵意见和建议，以便进一步修正和完善。

编者

2018年6月

目 录

第1章

概　述

紫菀（*Radix tataricus* L.f.）别名紫苑、小辫儿、返魂草、山白菜等，为我国传统常用中药材，药用历史悠久，始载于《神农本草经》，列为中品。《中华人民共和国药典》收录的紫菀为菊科紫菀属多年生草本植物紫菀（*Aster tataricus* L.f.）的干燥根和根茎。春、秋二季采挖，除去有节的根茎（习称“母根”）和泥沙，编成辫状晒干，或直接晒干。

紫菀适应性强，在东北、华北、甘肃、安徽等地均有分布，集中产区位于河北安国市和安徽亳州市。原植物株高20～60cm，茎直立粗壮，基生叶长椭圆形，茎生叶狭长，头状花序排列成复伞状，花期7～9月，果期9～10月。根茎呈不规则块状，根茎簇生多数细根，长3～15cm，直径0.1～0.3cm，多编成辫状；表面紫红色或灰红色，有纵皱纹；质较柔韧。气微香，味甜、微苦。

紫菀具润肺下气、消痰止咳等功效，主治痰多喘咳、新久咳嗽、劳嗽咯血，在中医临床处方及中成药中用量很大。紫菀的化学成分多样，主要含有三萜、植物甾醇、皂苷、肽类、黄酮和酚等类型化合物。现代药理研究表明紫菀中的三萜类成分紫菀酮为其祛痰、镇咳的最有效成分之一。进入21世纪，紫菀的药用价值已引起中医药界的关注，紫菀成为了我国众多制药企业生产润肺化痰、止咳平喘药物的首选原料药。

紫菀古今入药有生熟之分，其炮制方法主要有蜜炙、酒洗、清炒、蒸制、醋制等，其中蜜炙、炒制、蒸制方法一直沿用至今。

除药用外，紫菀还是美味可口的蔬菜，可腌渍吃、煮粥、和面蒸食、加工成多味小菜等。此外，我国南方地区如上海市，紫菀在园林方面应用也较为广泛，因紫菀栽培管理简便，容易繁殖，绿色期长，几乎全年全绿，而且花朵数量多而绚丽，生长迅速，可粗放管理，适于作为花带及花境的背景材料，推广前景很大。

紫菀是我国传统中药材，20世纪90年代之前，医药市场所需求的紫菀完全依靠野生品供应。进入21世纪后，野生资源逐年减少，近年已呈枯竭之势，产地已无野生品供应市场，家种紫菀是目前中药材市场主流，河北安国市和安徽亳州市已成为我国紫菀优势种植区。紫菀生产上用根状茎进行繁殖，一般在春秋二季种植，春栽于3月下旬或4月上旬进行，秋栽于10月下旬进行，结合紫菀药材收获选取粗壮节密、紫赤鲜嫩、无病虫感染的根状茎作种。

和大多数中药材一样，紫菀生产中也存在种源不清、品种混乱的现象，主要是长期以来缺乏育种研究，种群内积累了大量的变异种，造成个体间差异较大，单株产量和有效成分含量不一致，导致家种紫菀产量低，效益差。推广和使用紫菀种苗质量标准及配套良种繁育技术，用标准指导紫菀种植，是扩大种植面积，提高紫菀产量和质量的重要举措。

第2章

紫菀药用资源

紫菀族是菊科的第二大族，约有192个属，3020种。分布在世界各地。我国紫菀族资源种类丰富，分布遍及全国。其中紫菀以根茎入药，被药典收录，橐吾属植物山紫菀在部分省市作为地方习用药。本章主要介绍紫菀资源的形态特征、生物学特性、地理分布、生态分布区域和种植区域等。

一、形态特征及分类检索

（一）形态特征

紫菀是多年生草本植物，株高为20～60cm，基生叶片呈长椭圆形，长为12～35cm，宽为6～12cm，基部叶在花期枯落，呈长圆状或椭圆状匙形，下半部渐狭成长柄，连柄长为20～50cm，宽为3～13cm，顶端尖或渐尖，边缘有具小尖头的圆齿或浅齿。下部叶匙状呈长圆形，常较小，下部渐狭或急狭成具宽翅的柄，渐尖，边缘除顶部外有密锯齿；中部叶呈长圆形或长圆披针形，无柄，全缘或有浅齿，上部叶狭小；全部叶厚纸质，上面被短糙毛，下面被

图2-1　紫菀

稍疏的但沿脉被较密的短粗毛；中脉粗壮，与5～10对侧脉在下面突起，网脉明显。

紫菀为头状花序，在茎和枝端排列成复伞房状，每株花序数量不等，直径为2.5～4.5cm；花序梗长，有线形苞叶。半球形总苞，总苞片3层，呈线形或线状披针形，顶端尖或呈圆形，舌状花20余个，舌片蓝紫色，长为15～17cm，宽为2.5～3.5mm，有4至多脉；管状花长为6～7mm且稍有毛，裂片长为1.5mm；花柱附片披针形，长为0.5mm。

紫菀为瘦果，呈倒卵状长圆形，紫褐色，长为2.5～3mm，两面各有1或少

图2–2　紫菀花序

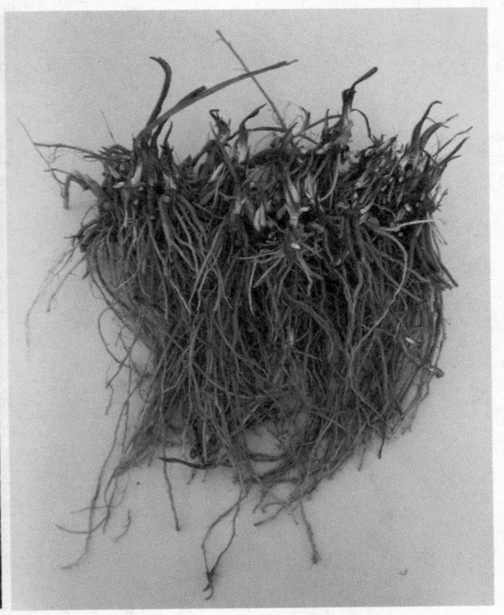

图2–3　紫菀根和根茎

有3脉，上部被疏粗毛。冠毛呈污白色或带红色，长为6mm，有多数不等长的糙毛。花期为7～9月，果期为8～10月。

紫菀根由数十条须根组成，须根簇生于植株基部膨大根茎上。根细长，一般在12～30cm。根上部最粗处直径约0.3cm，中部约0.15cm，由上到下逐渐变细，下方有分支的纤维根。根皮呈紫红色，根系质地柔软可编成辫状，断面为白色，中间有细小木心。

（二）分类检索

除药典收录的紫菀外，还有一些民间记载的紫菀习用药，主要是菊科橐吾属植物，俗称山紫菀。按刘尚武的分类系统，橐吾属植物分为散房组、橐吾组、线苞组、花葶组、合苞组及蓝灰组共六个组。线苞组的特征是复伞房花序，叶脉羽状，该组种类较少，仅分布于新疆及西藏部分地区。花葶组植物为总状花序，叶脉羽状，该组仅2种，分布于云南西北部及四川西南部高海拔地区。合苞组的特征是总状花序或伞房状花序，但叶脉羽状，也仅2种，分布于前苏联远东地区及我国黑龙江部分地区。蓝灰组植物为总状花序或圆锥状总状花序，但叶脉也为羽状。伞房组植物种类较多，叶脉网状或羽状，但花序均为伞房状及复伞房状，且该组植物根多粗而硬。

根据张勉等的报道，全国紫菀药材鉴定结果，如表2-1所示。

表2-1　紫菀商品药材的鉴定

商品名	样品来源	鉴定
紫菀	北京，河北石家庄、安国，辽宁沈阳，天津，吉林安图，黑龙江哈尔滨，新疆乌鲁木齐，青海西宁，陕西西安，山东泰安，安徽涡阳、亳州、蚌埠、芜湖，江苏无锡、徐州、涟水、滨海、常州、南京、吴江、南通、泰县，上海，江西南昌，浙江杭州，福建龙岩，广东广州	紫菀*Aster tataricus*
紫菀	甘肃文县，四川绵阳、广元、平武	离舌橐吾*Ligularia veitchiana*
山紫菀	辽宁鞍山、沈阳，吉林长春，河南驻马店	蹄叶橐吾*L. fischeri*
紫菀、小紫菀	云南昆明、玉溪、大理、曲靖、华坪、丽江	黄亮橐吾*L. caloxantha*
滇紫菀、紫菀	云南昆明	鹿蹄橐吾*L. hodgsonii*
川紫菀、毛紫菀	四川成都、康定、乐山、峨眉、德阳、内江、万源，贵州遵义、贵阳	鹿蹄橐吾*L. hodgsonii*
川紫菀、毛紫菀	四川成都、武隆、涪陵、南川、万县、达县、万源，贵州贵阳、重庆市	川鄂橐吾*L. wilsoniana*
川紫菀、毛紫菀	四川酉阳，贵州贵阳、遵义，重庆市	毛苞橐吾*L. sibirica* var. araneosa
光紫菀、川紫菀	四川武隆、涪陵、江津、永川，重庆市	狭苞橐吾*L. intermedia*

在植物学分类上，按照菊科的亚科及分族检索表检索紫菀族

1　头状花序全部为同形的管状花，或有异形的小花，中央花非舌状；植物无乳汁

………………………………………………………… 管状花亚科**Carduoideae Kitam.**

2　花药的基部钝或微尖。3’

3　花柱分枝上端非棒槌状，或稍扁而钝；头状花序辐射状，边缘常有舌状

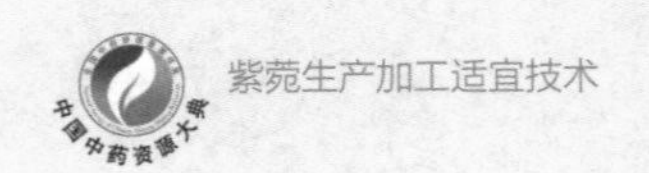

花，或盘状而无舌状花。4’

4 花柱分枝通常一面平一面凸形，上端有尖或三角形附器，有时上端钝，叶互生 …………………………………………………… **2.紫菀族Asteraeae Cass.**

按照菊科分属检索表检索紫菀属

1 头状花序仅具管状花或兼有舌状花，植物体无乳汁。2’

2 头状花序有管状花和舌状花。63’

63 舌状花蓝色、紫色或红色，极稀白色。65’

65 头状花序伞房状或单生；叶不为禾叶状。66’

66 多年生草本，偶一年生；叶和总苞片不为肉质 …… **11.紫菀属Aster L.**

按照紫菀族分属检索表检索紫菀属

1 头状花序舌状花与管状花不同色。2’

2 头状花序明显具舌状花，雌性。3’

3 舌状花蓝色、红色或淡粉白色。5’

5 直立草本，叶非禾草状。6’

6 叶茎生；头状花序在茎顶排成伞房状或单生；瘦果有冠毛。7’

7 舌状花的舌片通常较长而宽。8’

8 多年生草本。10’

10　冠毛长在1毫米以上，较长。11’

11　管状花5裂片等长，舌状花和管状花冠毛等长，或外层较短成膜片状 …………………………………… **11.紫菀属Aster L.**

按照紫菀属分种检索表检索紫菀

1　总苞片3至多层，覆瓦状排列，外层短；头状花序多数或少数，伞房状排列，极少单生。2’

2　总苞片上部或外层全部草质，边缘有时膜质。3’

3　植株高达1米；基生叶具长柄，叶有6-10对羽状脉；总苞片顶端尖或圆形 ……………………………………………………………… **1.紫菀A.tataricus L.**

而山紫菀（蹄叶橐吾）分类检索则按照如下方法进行。

按照菊科的亚科及分族检索表检索千里光族

1　头状花序全部为同形的管状花，或有异形的小花，中央花非舌状；植物无乳汁 ………………………………………………… **管状花亚科Carduoideae Kitam. 2’**

2　花药的基部钝或微尖。3’

3　花柱分枝上端非棒槌状，或稍扁而钝；头状花序辐射状，边缘常有舌状花，或盘状而无舌状花。4’

4　花柱分枝通截形，无或有尖或三角形附器，有时分枝钻形。5’

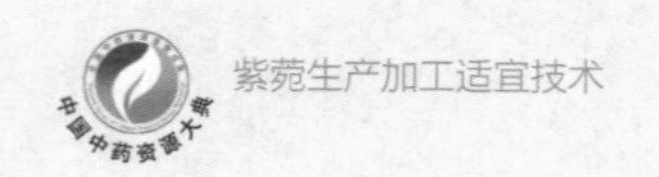

5 冠毛通常毛状；头状花序辐射状或盘状；叶互生 ……………………

…………………………………………… **7.千里光族Senecioenae Cass.**

按照菊科分属检索表检索橐吾属

1 头状花序仅具管状花或兼有舌状花，植物体无乳汁。2'

2 头状花序有管状花和舌状花。50'

50 冠毛存在，较果实为长。51'

51 舌状花舌片较筒部为长，显著。52'

52 舌状花和管状花全为黄色。53'

53 总苞片一层，等长。54'

54 叶具叶鞘，头状花序排成总状或伞房状 …… **73.橐吾属Ligularia Cass.**

按照千里光族分属检索表检索橐吾属

1 非肉质旱生多浆植物。2'

2 头状花序有舌状花，又具管状花。3'

3 叶及小花非上述情况。4'

4 叶柄基部有短叶鞘抱茎 ………………………… **73.橐吾属Ligularia Cass.**

按照橐吾属分种检索表检索蹄叶橐吾

1 头状花序多数，在茎顶排成总状。2’

2 叶掌状分裂或不分裂而具掌状脉。3’

3 冠毛褐色。4’

4 总苞筒状钟形，宽8-10毫米，长宽近相等；苞叶卵形或披针形；茎、叶被褐色皱缩短柔毛 ………………………… **3..蹄叶橐吾L. fischeri Turcz.**

二、生物学特性

（一）紫菀的核型和染色体特征

关于紫菀属的核型研究开展了相关工作，紫菀族虽然有X=3～10共8个染色体基数，但以X=9为主要的和原始的基数，其他基数都是由基数9简化而来的。如刘建全研究了青海南部三种紫菀属植物的核型，表明染色体前期和间期染色体分别为中间型和复杂型，染色体数目均为2n=18，基数为9，中期染色体主要由中部与亚中着丝点染色体组成。巩红东认为灰枝紫菀为二倍体，体细胞染色体数目为32，核型公式为2n=2x=32=26sm+6st，属4A型。李志等对紫菀属密毛紫菀、灰枝紫菀和西固紫菀利用常规根尖压片法进行核型分析发现3种植物的核型公式为2n=2x=18=14m=14sm（2SAT）。密毛紫菀的核型属于1A型，灰枝紫菀和西固紫菀为2A型。殷根深细胞学研究表明紫菀属横斜紫菀（*Aster hersileoides* Schneid.）和亮叶紫菀（*A.nitidus* Chang）均为二倍体，染色体较小，长度在1.64～2.8μm，核型公式为2n=2x=18=16m+2sm，属1A类型。横斜紫菀和亮叶紫菀染色体长度连续分布，并未形成间断的两组。它们分别有3对和2对染色体的长度低于2μm，相当于小染色体；长度在2.5～3μm的仅1对，其余染色体长度均在2～2.5μm。所以大小介于小型染色体和中型染色体之间是横斜系染色体的一个特征。

林镕将横斜系归于紫菀属正菀组（*Sect.Orthomeris* A.Gray）。正菀组有细胞学资料报道的种仅有川鄂紫菀（*Aster moupinensis*）、神农架紫菀（*A.shennongjiaensis*）和三脉紫菀（*A.ageratoides*）。神农架紫菀的染色体较大，长度为4.89～7.92μm。三脉紫菀各变种中，二、四倍体细胞型（宽伞三脉紫菀var.laticorrymbus，小花三脉紫菀var.micranthus、微糙三脉紫菀var.scaberulus）的染色体较大，最小染色体长于2.5μm；而六倍体的染色体变小，最小染色体短于2μm（宽伞三脉紫菀）。在三脉紫菀复合体中，染色体变短可能是进化趋势。川鄂紫菀为二倍体，染色体染色体较短，长度为1.5～3μm。紫菀属和大多数植物一样，核型进化趋势之一是不对称性增加。但紫菀属植物的核型不对称性较低，二倍体类群中，有些种类的核型全部由具中部着丝粒的染色体组成；另一些主要含具中部着丝粒的染色体，另有1～2对近中着丝粒的染色体。与正菀组已知核型参数的3个类群比较起来，横斜紫菀和亮叶紫菀的核型不对称性较高。二者均含一对不对称性较高的近中部着丝粒，与神农架紫菀相同，而高于均为中部着丝粒的小花三脉紫菀（2n=18m）和川鄂紫菀（2n=18m）。横斜系紫菀的两个种平均臂比为1.31和1.34，低于神农架紫菀（1.45），但高于小花三脉紫菀（1.21）且总体高于川鄂紫菀（1.31）。横斜紫菀的最长染色体与最短染色体之比分别为1.71，高于神农架紫菀（1.62）、小花三脉紫菀（1.52）和川鄂紫菀（1.6），亮叶紫菀的则较低，仅1.42；供试的两个种不对称系数为56.41和56.78，低于神农架紫菀（58.98）而稍高于小花三脉紫菀（54.45）和川鄂紫菀（56.27）。

（二）紫菀的繁殖方式

紫菀有两种繁殖方式：有性繁殖和无性繁殖。紫菀为头状花序，雌花两性花同株，授粉后可自然结实但存在种子选择性败育现象。原因是：紫菀雌花和两性花在形态和开花时间上存在差异性，导致了对传粉者的吸引和路径的不同，从而影响了后代的适应度。作为交配系统主体的管状花，处于闭锁状态时内部划分已经形成并存在散落，因此多为自花授粉受精，增加了种子的败育率，降低了后代活力。

由于种子数量和发芽率制约，紫菀主要以根状茎进行无性繁殖。根状茎是紫菀的变态茎，着生在芦头上，在地面下生长，有明显的节和节间，节上有不定根，并贮存有丰富的营养物质，冬季进入休眠状态，春季萌动恢复生长，是紫菀主要繁殖器官。

（三）紫菀的生长发育节律

紫菀适应性广泛，对土壤酸碱度没有严格要求，除盐碱地外均可种植。繁殖器官根状茎在温度适宜的条件下即可萌发新枝。室内发芽的最适温度为15～20℃，以砂床为发芽床，砂粒直径在0.1～0.25cm。田间适宜在沙壤土、壤土中生长，地温稳定在10℃即可栽种。以河北安国为例，紫菀适期栽种20天左右开始出苗，初期生长缓慢，2个月后根状茎开始形成，植株叶片增多，一般在6～7叶。5个月时紫菀不定根、根状茎明显增多增长，颜色开始有乳白色变浅紫色。6～7个月时植株根部几乎不再生长，叶片开始枯萎，不定根颜色变深。紫菀长到240天，地面开始冻结，根状茎颜色变成紫红色。总紫菀酮含量随着生长时期的延长也呈现出增长的趋势，如表2-2所示。

表2-2　紫菀生长发育时期及植株生物学特性

时期	植株生长特性	天数
A1	植株长到三叶一心，形成第一条不定根、次生根	30
A2	植株快速生长，叶片增多，芦头、根状茎可以分辨出来	60
A3	根状茎呈乳白色，根系增多，芦头有增大趋势	90
A4	根状茎快速增多，处于生长发育旺盛时期	120

续表

时期	植株生长特性	天数
A5	根系发育快，颜色逐渐加深	150
A6	根状茎由白色变成浅紫色，不定根长20厘米左右	165
A7	不定根长度趋于稳定，根状茎停止生长，颜色变深	180
A8	叶片枯萎，根系停止生长	195
A9	叶片干枯，根部颜色变深	210
A10	气温降到零下，地面开始冻结，根和根直径颜色变为紫红色	240

（四）紫菀酮含量的积累

紫菀酮是药典规定评价紫菀质量的指标之一。田汝美的研究表明，紫菀植株不同部位的紫菀酮含量不同。地下部分的紫菀酮含量明显高于地上部位，根中紫菀酮含量在0.2886%~0.4545%之间，芦头和根状茎中紫菀酮的含量相对较低，芦头中紫菀酮最高仅为0.1115%，根状茎中紫菀酮含量的最高为0.1505%。地上部位紫菀酮含量均很低，叶中紫菀酮的含量为0.02%，叶柄和茎基部中含量更低，最高值也仅为0.01%，甚至部分样品检测不出紫菀酮的含量。因此，提高紫菀不定根的重量、减小芦头对提高栽培紫菀的质量具有重要的重义。

研究还表明，不同部位不同时期紫菀酮含量不同。地下部位中紫菀酮含量并不是简单的线性上升的积累关系，根中紫菀酮含量在10月份时达到最高（0.4545%），后期随着紫菀叶片的枯萎，气温的降低，紫菀酮的含量有所降低；

第一不定根、芦头和根状茎中紫菀酮的变化幅度较大，生长前期紫菀酮的含量急剧上升，后期呈稳定上升趋势。其中，芦头中紫菀酮的含量从0.017%增加到0.114%，第一条根中紫菀酮的含量从0.0295%上升到0.1391%，而根状茎是在栽种90天后开始形成，紫菀酮的含量从0.0155%上升到0.1505%。紫菀生长发育后期，芦头逐渐增大，根状茎快速形成，且芦头、根状茎等部位紫菀酮的含量有所增加，这为紫菀选择合理的收获期提供了重要的理论依据。

紫菀植株的地上部分叶和叶柄中紫菀酮含量在不同的生育期表现也不同，其中植株叶中紫菀酮的含量在播种后150天时达到最大值，为0.1950%，后期随着植株叶片的枯黄，紫菀酮的含量逐渐降低，到土壤冻结前仅为0.0198%；叶柄中紫菀酮含量在整个生长期几乎没有变化，紫菀酮的含量始终在0.02%~0.03%之间。可见除了根和根茎，紫菀地上茎叶部分也有一定的药用价值，生产上可以进行开发利用。

三、地理分布

《中国药用植物志》（第十卷）将紫菀分成27类，主要分布情况如下所示。

1. 紫菀*Aster tataricus* L.（本草经），青牛舌头花（河北土名），青菀（吴普本草），驴耳朵菜（辽宁），小辫子（安徽），紫菁（名医别录）：产于黑龙江、吉林、辽宁、内蒙古、河北、山东、山西、河南、陕西、甘肃等省区，生长于海拔400～2000m的山坡等地或沼泽，也分布于朝鲜、日本及俄罗斯西伯利亚等地区。

2．圆苞紫菀*Aster maackii* Regel（东北植物检索表、中国植物志）：产于黑龙江、吉林、辽宁、内蒙古及宁夏南部，生长于海拔900～1000m的阴湿地、林缘及沼泽，也分布于日本、朝鲜及俄罗斯远东地区。

3．耳叶紫菀*Aster auriculatus* Franch.（中国高等植物图鉴），银线菊（云南），蓑衣莲（云南玉溪中草药），毛叶子、散药（贵州）：产于河南、陕西、甘肃、四川、贵州、广西、云南及西藏东南部，生长于海拔1500～3000m的林下、灌丛和草地。

4．圆耳紫菀*Aster sphaerotus* Ling（中国植物志）：产于广西西部。生长于海拔2700m的山地林下。

5．琴叶紫菀*Aster panduratus* Nees ex Walp.（中国高等植物图鉴、中国植物志），福氏紫菀、岗边菊（中国中草药汇编），大风草（安徽），鱼鳅串（贵州）：产于安徽、江苏、浙江、福建、河南、江西、湖北、湖南、广东、广西、贵州及四川等省，生长于海拔100～1400m的山坡、灌丛、草地、溪边路旁。

6．密毛紫菀*Aster vestitus* Franch.（中国植物志），烧蓝花（云南）：产于云南西北和北部、四川西南部及西藏南部，生长于海拔2200～3200m的林缘、草坡、溪旁或沙地，也分布于不丹、印度及缅甸。

7. 灰枝紫菀*Aster poliothamnus* Diels（中国植物志），灰木紫菀（青海），漏枪（青海藏语）：产于甘肃南部、青海、四川及西藏东南部，生长于海拔1800～3300m的山坡或溪旁。

8. 褐毛紫菀*Aster Bureau* et Franch.（中国植物志）：产于四川、云南和西藏东南部，生长于海拔2000～4200m的高山及亚高山草坡、灌丛边缘石砾地，在缅甸也有分布。

9. 甘川紫菀*Aster smithianus* Hand.–Mazz.（中国植物志）：产于甘肃南部、陕西、四川西部及云南西北部，生长于海拔1350～3400m的山坡草地和石砾河岸。

10. 三脉紫菀*Aster ageratoides* Turcz.（中国植物志），野白菊花（植物名实图考），山白菊（贵州），三褶脉紫菀（中国高等植物图鉴），小野菊（河南中草药），鸡儿肠（内蒙古草药），红管药（安徽）。

（1）三脉紫菀（模式变种）：广泛产于东北北部、南部、东部至西部、西南部及西藏南部，生长于海拔100～3550m的林下、林缘、灌丛及山谷湿地，也分布于朝鲜、日本、亚洲东北部、喜马拉雅南部。

（2）毛枝紫菀（变种）（中国植物志），银紫胡、大紫胡（贵州），毛枝山白菊（云南种子植物名录），三脉紫菀毛枝变种（中国植物志），青箭柱草（贵州草药），毛蕊马兰（全国中草药汇编）：产于福建、江西、安徽、湖南、贵州、广西、广东、海南、台湾、云南东南，生长于海拔100～3550m的林下、林缘、灌丛及山谷湿地，也分布于朝鲜、日本、亚洲东北部、喜马拉雅南部。

（3）微糙紫菀（变种），三脉紫菀微糙变种（中国植物志），微糙山白菊（云南种子植物名录），山白菊（广西藤县），野粉团儿（湖南），鸡肠儿、野耳肠（救荒本草），马兰（江苏种子植物手册）：产于江苏、安徽、浙江、江西、湖北、湖南、四川、贵州、广西、广东及云南，生于海拔100～3550m的林下、林缘、灌丛及山谷湿地，也分布于朝鲜、日本、亚洲东北部、喜马拉雅南部。越南也有分布。

（4）卵叶紫菀（变种）（中国植物志），三脉紫菀卵叶变种（中国植物志），山白菊（浙江）：产于陕西、湖北、四川、云南等省，生长于海拔100～3550m的林下、林缘、灌丛及山谷湿地，也分布于朝鲜、日本、亚洲东北部、喜马拉雅南部。

（5）异叶紫菀（变种）（中国植物志），三脉紫菀异叶变种（中国植物志），玉米托字花（河北），异叶山白菊（云南种子植物名称）；产于河北、山西、陕西、甘肃、河南、湖北西部、四川、云南北部，生长于海拔100～3550m的林下、林缘、灌丛及山谷湿地，也分布于朝鲜、日本、亚洲东北部、喜马拉雅南部。

（6）宽伞紫菀（变种）（中国植物志），三脉紫菀宽伞变种（中国植物志），红管药（湖北）：产于陕西、湖北、湖南、江西、福建、安徽、广东、广西、贵州、四川等省，生长于海拔100～3550m的林下、林缘、灌丛及山谷湿地，也

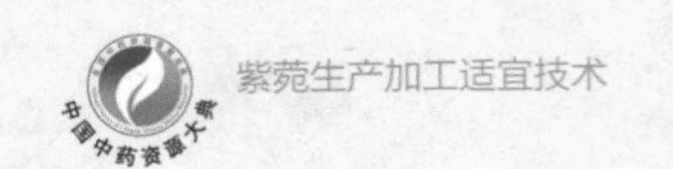

分布于朝鲜、日本、亚洲东北部、喜马拉雅南部。

（7）小花紫菀（变种）（中国植物志），三脉紫菀小花变种（中国植物志），山白菊、野鸡尾巴（湖北）：产于四川东部至西。生长于林下和灌丛中。

11．翼柄紫菀*Aster alatipes* Hemsl.（中国植物志），伏花（鄂西草药名录），九灵光、红柴胡、大柴胡（湖北）：产于安徽、河南、湖北西部、四川东部和陕西南部，生长于海拔800～1600m的低山谷沟、阴地或溪岸。

12．小舌紫菀*Aster albescens*（DC.）Hand.-Mazz.（中国植物志），白背紫菀（云南种子植物名录）：产于甘肃、陕西、河南、湖北、四川、贵州、云南及西藏南部，生长于海拔500～4100m的林下和灌丛中，也分布于缅甸、印度、尼泊尔、不丹及喜马拉雅西部。

13．陀螺紫菀*Aster turbinatus* S.Moore（中国高等植物图鉴），一枝香（安徽、浙江俗名），百条根（浙江俗名），单头紫菀（江苏南部种子植物手册），喉头草（浙江俗名）。

（1）陀螺紫菀（模式变种）：产于江苏、安徽、浙江、福建和江西，生长于海拔200～800m的山谷、溪岸或林荫地。

（2）仙白草（变种）（浙江俗名、中国植物志）：产于浙江仙居、云和、兰溪、杭州、四明山、海宁和瓯江，生长于海拔170m左右的山坡疏林下、灌丛或草丛中。

14．白舌紫菀*Aster baccharoides*（Benth.）Steetz（中国植物志）：产于浙江、福建、江西、湖南、广东及广西，生长于海拔50～900m的山坡路旁、草地和沙地。

15．短舌紫菀*Aster sampsonii*（Hance.）Hemsl.（中国植物志），接骨草（广西宁明），小儿还魂草（贵州）：产于广东北部、湖南南部及西南部、江西、福建、广西，生长于海拔138～800m的山坡草地及灌丛中。

16．厚棉紫菀*Asterprainii*（Drumm.）Y. L.Chen（中国植物志），棉毛紫菀（青海高原药物图鉴），江松美多（青海藏语）：产于四川、西藏南部，生长于海拔5100～5400m的山坡或流石滩上。不丹也有分布。

17．高山紫菀*Aster alpinus* L.（中国植物志），高领紫菀（内蒙古植物志）：产于吉林、黑龙江、内蒙古、河北、山西、陕西、青海及新疆，生长于海拔540～4000m的亚高山草甸、草原、山地，也分布于亚洲北部至欧洲。

18．石生紫菀*Aster oreophilus* Fanrch.（中国植物志），菊花暗消（云南），野冬菊（昆明），肋痛苦（丽江），毛脉一枝蒿、肺痛草（云南）：产于四川，云南和贵州及西藏，生长于海拔2300～4000m的针叶林下、坡地。

19．东俄洛紫菀*Aster tongolensis* Franch.（中国植物志）：产于甘肃南部、青海、四川西部至西南部及云南西北部及西藏，生长于海拔2800～4000m的亚高山、林下、水边或草地。

20．缘毛紫菀*Aster souliei* Franch.（中国植物志），西藏紫菀（全国中草药汇编）：产于甘肃、青海、四川、云南及西藏东南部，生长于海拔2700～4000m的高山林缘、灌丛及山坡草地，也分布于不丹及缅甸。

21．星舌紫菀*Aster asteroides*（DC.）Kuntze（中国植物志），块根紫菀（青海中药名录）：产于四川西部、西南部，甘肃，青海东部，云南西北部及西藏中部和南部，生长于海拔3200～3500m的高山灌丛、草地，也分布于尼泊尔、印度、不丹。

22．柔软紫菀*Aster flaccidus* Bunge（中国高等植物图鉴），太白菊（全国中草药汇编），肺经草（陕西），紫菀千花（西藏常用中草药），羊眼花（甘肃中草药手册）。

（1）柔软紫菀（模式变型）：产于河北、山西、河南、陕西、甘肃、青海、新疆、西藏、云南西北部及四川，生长于海拔2000～5200m的亚高山和高山草地、灌丛和石砾地，也分布于印度、巴基斯坦、不丹、尼泊尔、伊朗、阿富汗、蒙古及俄罗斯西伯利亚东部。

（2）柔软紫菀灰毛变形（中国植物志），灰毛柔软紫菀（云南种子植物名录）：产于西藏南部及东南部及云南西北部，生长于海拔3200～4870m的高山草地及石砾地，也分布于印度东北部、不丹。

23．重冠紫菀*Aster diplostephioides*（DC.）C. B. Clarke（中国植物志），太

阳花（丽江土名），寒风参（云南），美多类（四川），漏盂（青海藏语）：产于甘肃、青海、四川西至西南部、云南西北部及西藏南部及东南部，生长于海拔2700～4600m的草地或灌丛中，也分布于印度、尼泊尔、不丹及巴基斯坦。

24．云南紫菀*Aster yunnanensis* Franch.（中国植物志）：产于甘肃、青海、四川、云南及西藏，生长于海拔2500～4500m的草地或林缘。

25．狭苞紫菀*Aster farreri* W. W. Sm. et Jeffrey（中国植物志），羊眼草（甘肃南部），线叶紫菀（甘肃中药名录）：产于甘肃、青海、河北、山西和四川北部，生长于海拔3200～3400m的高山草地或向阳山坡。

26．狗舌紫菀*Aster senecioides* Franch.（中国植物志）：产于四川西南部和云南西北部，生长于海拔2100～3000m的山谷坡地、林下或山顶石砾地。

27．巴塘紫菀*Aster batangensis* Bureau et Franch.（中国植物志）：产于四川西至西南部、云南西北部及西藏东部，生长于海拔3400～4400m的林下和灌丛边缘、开阔草地或石砾地。

四、生态适宜分布区域与适宜种植区域

紫菀适应广泛，对土壤气候等条件要求不严，低山阴坡湿地、山顶和低山草地及沼泽地野生种随处可见，在海拔100～4500m范围内均有分布，主产在河北、安徽、内蒙古和东北三省，另外在朝鲜、日本、美国等地亦有分布。

由于野生紫菀质量次，一般不入药，所以现今中药紫菀均为人工栽培品。紫菀栽培历史悠久，早在清乾隆年间河北安国及安徽亳县、涡阳等地就有栽培。紫菀喜温暖湿润气候，耐寒，怕干旱，以疏松肥沃湿润的沙壤土为佳，河北安国和安徽亳州属于暖温带气候区，土质为沙质壤土，适合紫菀根茎生长发育和药用成分积累。由于紫菀用量不大，栽培面积比较稳定，目前主要集中在河北安国、定州、安平、沙河、深泽、藁城及安徽亳州、涡阳、利辛等地，此外，浙江、江苏亦有栽培。如表2-3所示。

表2-3　紫菀生态适宜地区和示意适宜种植区域

生态适宜分布区	生境	经纬度	适宜种植区域
黑龙江	海拔400～2000m的山坡等地、沼泽、阴湿地、林缘	东经121°11′～135°5′，北纬43°25′～53°33′	安徽亳州、涡阳，河北安国、安平等地
吉林		东经121°38′～131°19′，北纬40°52′～46°18′	
内蒙古		东经106°4′～121°40′，北纬40°20′～50°50′	
甘肃	海拔2500～4500m的草地或林缘	东经92°13′～108°46′，北纬32°31′～42°57′	
青海		东经89°35′～103°4′，北纬31°9′～39°19′	
湖南	海拔100～1400m的山坡、灌木丛、草地、溪边路旁	东经108°47′～114°15′，北纬24°39′～30°8′	
河北	海拔100～3400m的高山草地或向阳山坡	东经113°11′～119°45′，北纬36°5′～42°37′	
安徽	海拔100～1400m的山坡、灌木丛、草地、溪边路旁	东经114°54′～119°37′，北纬29°41′～34°38′	

第3章

紫菀栽培技术

紫菀栽培历史久远，早在清乾隆年间河北安国及安徽亳县、涡阳等地就有关于紫菀栽培的记载。随着紫菀现代药理研究的深入以及市场需求量的逐渐增加，栽培紫菀面积逐渐扩大，关于紫菀栽培技术的研究也日益展开。田汝美等研究了紫菀种苗质量分级标准及不同级别种苗对药材产量和质量的影响，明确了优质种苗在紫菀生产上的重要性；魏书琴等报道了不同磷肥施用量对紫菀产量和有效成分含量的影响，认为每亩施入磷酸二氢钙40kg时紫菀产量和紫菀酮含量均达到最高值；胡永青、蒋学杰等分别介绍了紫菀无公害栽培技术和紫菀标准化种植技术，同时发布了相关地方标准；葛淑俊等制定了河北省地方标准《紫菀种苗质量分级》和《紫菀良种繁育技术规程》；温春秀等制定了河北省地方标准《无公害紫菀田间生产技术规程》，是指导紫菀规范化栽培的技术基础。本章将重点介绍紫菀种苗繁育、栽培技术、采收与产地加工技术等内容。

一、紫菀种苗质量和种苗繁育

紫菀是菊科紫菀属植物，两性花和单性花共存，自花授粉为主，但种子结实率很低，不能满足紫菀大面积种植对种子的需求量。生产上主要通过根状茎（种苗）进行无性繁殖，后代基因型和母本一致，能保持品种的稳定性。

（一）种苗质量

尽管栽培历史悠久，但紫菀种苗长期以药农自繁自留为主，没有开展系统的选种和繁育工作，缺乏对种苗检验和分级的标准，种苗质量参差不齐，部分种苗带菌严重。笔者开展了紫菀种苗质量检验和分级种苗对产量和质量的影响研究，结果表明优质种苗茎皮颜色紫红，茎毛数和茎粗是影响种苗质量的重要指标，分级后的种苗与对照相比显著地提高了药材和根状茎的产量和质量，据此制定了河北省地方标准《紫菀种苗质量分级》，将紫菀根茎划分为二级（见表3-1），低于二级的不能做种用。

紫菀种苗质量检验方法为：以在同一苗圃、统一播种、统一管理并同期采挖的种苗为同一个批次。采用随机抽样方法，每1000kg（约12万株）为一个批次，按5%抽样。计数根状茎节段的茎毛数、测量茎粗和节间距。定级时以达到各项指标中最低的一项来评定，同一株中有一项指标不合格就判为不合格。

（二）种苗繁育

优良种苗是确保紫菀药材产量和质量的基础。笔者结合药农在生产实践中积累的经验和实验结果，对紫菀种苗繁育中选种、栽种、田间管理和采收等技术关键进行了规范，制定了河北省地方标准《紫菀良种繁育技术规程》，为规范化、规模化繁育紫菀种苗和基地建设提供了重要的技术支持。

表3-1 紫菀种苗质量标准

项目	级别	
	一级	二级
单茎段饱满芽数	≥2个	≥2个
茎皮颜色	紫红色	紫红色
节间距/cm	≤2.5	≤2.5
茎毛数/个	>8	≥4
茎粗/cm	>0.3	≥0.25
病虫害	无病虫害	无病虫害

紫菀种苗繁育技术如下：

1. 选地整地

选择疏松肥沃、有机质丰富、排灌良好的壤土或沙壤土，结合耕地，施足基肥，一般每亩施腐熟好的农家肥1500～2000kg，深翻30cm左右，耙平，做成1.2～1.5m宽的平畦。

2. 选种

选择粗壮、颜色略带紫红色，无病虫害，接近地面的根状茎作繁殖材料（俗称栽子），不宜采用块茎顶部发出的根状茎作栽子，否则易造成提早开花；下部的根状茎芽眼太少，也不宜作栽子。

3. 栽种

在4月上旬栽种。按行距25～30cm开6～7cm深沟，把种苗按穴距15～20cm

平放于沟内，每穴摆放4～5根，盖土2～3cm后轻轻踩压，每亩用种苗30～35kg。

4. 田间管理

栽种后12天左右开始出苗，齐苗后，适量浇水，但不宜过湿，及时浅耕除草。封垄期结合中耕追施尿素10kg。7～8月雨季注意排水，防止烂根。本时期定期检查有无抽薹发生，如发现要及时拔除。9～10月进入根状茎快速发育期，此期结合浇水每亩施40～50kg碳铵。

5. 病虫害防治

紫菀主要病虫害有根腐病、叶枯病和地老虎。化学防治应符合GB 4285、GB/T 8321的要求。注意轮换用药，严格控制农药安全间隔期。根腐病用50%多菌灵可湿性粉剂1000倍，叶枯病用1∶1∶120波尔多液，在发病前及发病初期喷施，每7～10天喷1次，连续2～3次即可。地老虎用90%敌百虫晶体1000倍喷雾杀除或配成毒饵诱杀。

6. 种苗收获

种苗收获在来年3月上中旬进行。收获时将根刨出，去净泥土，取下根状茎，挑选靠近地面、粗壮节密、紫红色、具有休眠芽的根状茎，切去下端幼嫩部分及芦头，切成带有2～3个芽眼的茎段，按照质量分级标准进行分类和包装。在整个过程中要严防种苗失水、风干。

二、栽培技术

目前紫菀栽培技术研究较少，但各地在长期生产中总结了适合当地的栽培技术。总体来看，紫菀喜肥但耐土壤瘠薄，对水分敏感，不耐旱涝，对土壤要求不严，为保证产量，种植时应该选择具有一定肥力、土层在 40cm以上、排灌方便的壤土或沙壤土，不宜在盐碱地块或黏土中栽培。春季栽种，当年深秋或第二年早春收获，整个生育期在210～230天。生长过程中病虫害相对较少，田间管理简单。

具体栽培技术如下。

1. 产地环境

选择不受污染源影响或污染物含量限制在允许范围之内，生态环境良好的农业生产区域。空气质量应符合空气质量GB3095二级标准。土壤质量应符合土壤质量GB15618二级标准。灌溉水质量应符合农田灌溉水质量GB5084标准。

图3–1　开沟

2. 选地整地

紫菀喜肥但耐土壤瘠薄，对水分敏感，不耐旱涝，对土壤要求不严，为保证产量，种植时应该选择具有一定肥力、土层在40cm以上、排灌方便的壤土，不宜在盐碱地块及沙土中栽培。结合整地每亩施入农家肥2500～3000kg 作基肥，整平耙细后做成2～3m的畦（图3-1）。

3. 栽种

河北、安徽等地一般在3月下旬或4月上旬播种。河北坝上和东北地区在4月中旬土壤解冻10cm以上时播种。按行距为25～30cm开沟，沟深为5～6cm。将健康、没有病虫害感染、颜色紫红的根状茎，分成7～10cm长的小段，每段带有芽眼2～3个均匀放置在沟内，穴距为8～10cm，每穴3～4段，复土后稍加镇压（图3-2）。每亩用种量35～45kg。紫菀出苗较慢，一般在1个月左右，因此需要保持土壤湿润。河北坝上及东北地区必要时可以覆膜保墒保温。

图3-2 播种

4. 田间管理

紫菀出苗期较长，且苗期生长缓慢，因此中耕除草是紫菀田间管理的重

图3-3　紫菀出苗期

点。目前紫菀田没有登记允许使用的化学除草剂，第一次人工或机械除草需要在齐苗后结合中耕及时进行（图3-3）。为避免伤根，可采用浅耕松土的方式。在苗高7～10cm时进行第二次中耕除草。第三次除草应在封垄前进行。封垄后杂草一般较少，如有杂草可以及时人工拔除。

紫菀怕旱，尤其出苗前必须保持土壤湿润，否则容易出现缺苗断垄现象。紫菀不耐涝，遇雨应及时排水，防止烂根。

魏书琴等的研究表明，不同用量的磷酸二氢钙对紫菀产量、有效成分紫菀酮含量具有显著影响。施用量为每亩40kg时紫菀株高、叶片数、叶面积及有效成分含量显著高于每亩用35kg施用量和不施用磷肥的对照组，但与45kg的施用量差异不显著，因此建议每亩使用40kg磷酸二氢钙。同时沟施腐熟厩肥1000kg。摘除花蕾，7～8月为紫菀开花期，紫菀开花结籽需消耗大量养分，会影响地下根茎的生长，所以开花前应将花蕾用镰刀去除，避免用手拉扯，以免带动根部影响植株生长。

5. 病虫害防治

产地环境不同，紫菀病虫害种类不同。东北地区种植紫菀容易发生斑枯病和红蜘蛛虫害。斑枯病也叫叶斑病，为细菌性病害，通过病株摩擦、植株表面带菌水滴、农事操作、带菌介质等途径进行传播。夏季高温多湿、田间密闭、积水或雨水多的条件下容易发生，主要为害植株叶片，其病斑特点因寄主和病菌种类的不同而有区别。一般最初在叶正面出现褐色圆形小斑，后渐扩大为多角形大斑，为灰白色或浅褐色，边缘呈深褐色，斑内散生或轮生许多小黑点，为病菌的分生孢子器。叶背面有毛的叶片，病斑不明显，在叶背面无毛的叶片上，背面也有病斑和小黑点。一个病叶上可生数十个小斑，互相连接后，叶片变黄，干枯脱落。应注意冬季清洁田园，集中深埋或烧毁病残体。发病初期用25%甲霜灵可湿性粉剂800倍液或70%甲基硫菌灵可湿性粉剂1000倍液喷雾防治，10～15天喷1次，共喷3次。

红蜘蛛是东北地区危害紫菀生长的主要虫害。主要危害植物的叶、茎、花等，刺吸植物的茎叶，使受害部位水分减少，表现失绿变白，叶表面呈现密集苍白的小斑点，卷曲发黄。严重时植株发生黄叶、焦叶、卷叶、落叶和死亡等现象。同时，红蜘蛛还是病毒病的传播介体。发生初期用0.36%苦参碱（绿植保）水剂800倍液，或天然除虫菊素2000倍液，或73%克螨特（丙炔螨特）乳油1000倍液喷雾防治。

在安徽和河北种植紫菀，主要病虫害为根腐病、叶枯病和地老虎。根腐病为真菌性病害，通过土壤、种子、植物病残体、水流等途径传播，在低温多湿条件下发生，低洼地容易发病。生产上与禾本科作物轮作、合理配方施肥，加强田间管理，田间不积水以及及时清理病残体等农业方法防治。采取方法为发病之前或发病之初用50%多菌灵600倍液，或甲基硫菌灵（70%甲基托布津可湿性粉剂）1000倍液，或3%广枯灵（恶霉灵+甲霜灵）600～800倍液喷淋茎基部或灌根。宜7天喷灌1次，连续喷灌3次以上。地老虎通过咬食幼苗根茎导致伤苗或死苗，严重时造成缺苗断垄现象，用90%敌百虫晶体1000倍喷雾杀除或配成毒饵诱杀。

三、采收与产地加工技术

根据不同种植目的分别采收。以采收紫菀嫩茎叶为目的，一般在苗高15cm开始，收获时留底部3片叶只掐取顶端鲜嫩茎叶，在所留叶片的叶腋处将有分枝发育形成，以供继续采收。7月以后紫菀茎叶苦味较浓，纤维含量增加，不再适宜食用。

以采收地下根茎为目的时，于10月下旬地上叶片枯黄时或者翌年春天收获。收获前，先割去地上部枯萎茎叶，进行人工收获或机械收获。人工收获时用铁锨小心挖出地下根及根状茎，防止须根折断；机械收获由拖拉机驱动的收获机械完成，挖掘部分将根茎挖出，输送到抖动筛进行土块粉碎和土药分离。除留作种用的根状茎外，将其余的编成辫状晒干，或直接晒干。

图3-4　紫菀封垄期

图3-5　紫菀抽薹期

图3-6　紫菀落黄期

图3-7　紫菀人工收获

图3-8　紫菀机械收获

图3-9　紫菀药材编辫

第4章

紫菀药材质量评价

一、本草考证与道地沿革

（一）紫菀考证与道地沿革

紫菀药用历史悠久，有关紫菀性味功能的记载最早见于《神农本草经》，列为中品，以后历代本草均有记载，沿用至今。《吴普本草》曰："紫菀，一名青菀。"《名医别录》云："一名紫茜，一名青苑。生房陵（今湖北房县）及真定（今河北正定县）、邯郸（今河北邯郸市），二月三月采根阴干川。"《本草经集注》："近道处处有，其生布地，花亦紫，本有白毛，根甚柔细。"《图经本草》："紫菀生房陵山谷及真定、邯郸。今耀（今陕西耀县）、成（今甘肃徽成县）、泗（今安徽泗县）、寿（今安徽寿县）、台（今浙江临海县）、孟（今河南孟县）诸州、兴国军（今江西南）皆有之。三月内布地生苗，其叶二、四相连，五、六月内开黄、白、紫花，结黑子。"《本草纲目》："返魂草、夜牵牛。其根色紫而柔婉，故名。"由此可知，古代所用的紫菀，花的颜色有黄、紫、白三种。《证类本草》附有成州紫菀（今甘肃徽县）、解州紫菀（今山西运城县）和泗州紫菀（今安徽泗县）植物形态图皆不同。《植物名实图考》中提到："江西建昌谓之关公须，肖其根形，初生铺地，秋抽方紫茎，开紫花微似丹参川。"从以上记述看，紫菀的原植物产河北、安徽、陕西、河南等省，《本草经集注》《植物名实图考》所言即今之紫菀（紫菀属植

物*Aster*)，《图经本草》所言紫菀开黄花、白花者是橐吾属植物（*Ligularia*）。《证类本草》成州紫菀图乃紫菀幼苗，只有基生叶无地上茎，泗州紫菀图为未开花的地上茎及茎生叶的形态。《祁州中药志》载："祁州所产紫菀，根粗且长，质柔韧。因其质地纯正，药效良好，畅销全国各地，故名祁紫菀"；亳紫菀之名，出现在民国《药物出产辩》，在清代光绪二十年《亳州志》将其作为药材列出。《祁州药志》有"紫菀自本帮所得者，乃亳州（亳紫菀）移植于祁州之种"的记载，可见，河北安国和安徽亳州自古以来即为栽培紫菀的主要产区。如今主产于河北、安徽、陕西、河南等地。

（二）山紫菀考证和道地沿革

山紫菀类药材药用历史可追溯到宋代苏颂著的《图经本草》，该书记载有开黄、白花的紫菀。《证类本草》有解州紫菀图，解州为今山西省运城县，其根乃为药材紫菀（须根编成辫状），地上茎叶形态与今橐吾属极相似，花为头状花序组成总状。舌状花黄色也是橐吾属特征。《本草纲目》紫菀图与《证类本草》极相似，唯根非药材紫菀，而呈须根状。这些与今天在许多地区作紫菀应用的橐吾属植物相近。山紫菀许多省收入地方标准，在1987年版《四川省中药材标准》上作"川紫菀"。蹄叶橐吾使用较广泛，药材有"毛紫菀"与"光紫菀"之分。李时珍的《本草纲目》有关紫菀的记载沿用了《图经本草》的描述，也引用了《证类本草》附图，但不同版本的附图有差异，缺乏可信性。以后的本草对橐吾属植物作紫菀使用的情况无更多的描述和说明。

现代中医药书籍也有不同的观点：《全国中草药汇编》《中药材品种论述》和《新编中药志》都记载紫菀类和山紫菀类为紫菀的基原植物，其中山紫菀类植物的根在民间作紫菀药用达30多种，全国许多地区代紫菀药用。《全国中草药名鉴》记载菊科紫菀属和橐吾属多种植物入药。《中国道地药材原色图说》和《中华道地药材》的记载与2015年版药典收载基本一致；《中国药用植物志》记载商品紫菀为菊科紫菀属和橐吾属多种植物的根及根茎、花序或全草。《中华本草》则在2015年版药典基础上加入了西北地区所用“紫菀”多为橐吾属植物。据文献记载，我国橐吾属植物有110余种，全国各省紫菀分布广泛，主要分布于西南山区，而且各省标准收载紫菀的原植物也不尽相同。

尽管作为紫菀入药的植物多种多样，但是民间用药也有伪品的存在。《中药材品种论述》指出少数地区有部分伪品存在，黑龙江青岗、兰西以蔷薇科的水杨梅（*Geum aleppicum* Jacquin）根部充“紫菀”，其疗效不同，不可混充；辽宁大连以毛茛科的茴茴蒜（*Ranunculus chinensis* Bge.）根部充“紫菀”，此根有毒，切不可作“紫菀”用；陕西镇坪以毛茛科铁破锣［*Beesia calthaefolia*（Maxim）Ulbr.］冒充“真紫菀”；四川宜宾以菊科蜂斗菜（*Petasites japonicas*

Fr. Schmidt）地下部分充“紫菀”；陕西部分地区以蟹甲草根（*Cacalia adenostyloides* Franch.et Sav.）充“紫菀”；四川部分地区以菊科旋覆根（*Inula japonica* Thunb.）的根部充“紫菀”，按李时珍引陈自明之言曰：“今人多以车前、旋覆根赤土染过伪之”，可见明代亦有以旋覆根伪充之者，古人也认为此为伪品，不宜混作“紫菀”供用；湖北房县以马兰（*Kalimeris indica*（L.）Sch.–Bip.）混作紫菀；也有以台湾百合（*Lilium formosanum* Wall.）的根混作紫菀。四川还有以毛茛科驴蹄草的根称为“土紫菀”，四川峨眉称虎耳草科突隔梅花草（*Paenassia delavayi* Franch.）的根为小紫菀，陕西称菊科的垂头菊（*Cremanthodium hookerii* Clarke）为小紫菀或太白小紫菀，陕西还有叫高山毛脉山莴苣［*Lactuca raddeana* Maxim. Var. elata（Hemsl.）K.Tam.］为水紫菀，云南昆明有称菊科钩苞大丁草（*Gerbera delavayi* Franch.）的根部为白地紫菀。

不少学者及研究者观点也不相同，江泽荣等（1985）通过研究菊科橐吾属药物植物资源后，结果表明橐吾属的某些种类是云南、四川等省的民间药，也是山紫菀商品的主要来源。张达治等（2003）对被用作中药紫菀（*Aster tataricus* L.f 的根及根茎）代用品的9种橐吾属植物 nrDNA ITS 区间序列分析，结果表明了两类山紫菀类药材有着明显的区别。张慧珍（1993）通过比较紫菀和山紫菀的来源、性状和化学成分药理作用等，建议二者分别入药，以保证紫菀的临床疗效，不应以山紫菀代替紫菀入药。而张勉等（1997）通过研究山紫菀类药材的性状与显微鉴别后指出，山紫菀作为紫菀的代用品，已有很久的历史，目前在我国西南、西北及东北部分地区，共有27种（含变种）橐吾属植物的根及根茎作山紫菀使用，使用地区最广、销量最大的有：鹿蹄橐吾*L. hodgsonii* Hook.，川鄂橐吾*L.wilsoniana*（Hemsl.）Greenm.，狭苞橐吾*L. intermedia* Naka，毛苞橐吾*L. sibirica*（L.）Cass. var. araneosa DC.，黄亮橐吾*L. caloxantha*（Diels.）Hand. –Mazz.，离舌橐吾*L. veitchiana*（Hemsl.）Greenm. 及蹄叶橐吾*L. fischeri*（Ledeb.）Turcz等。杜鹃等（2005）认为蹄叶橐吾为山紫菀中的一种，具有很长的药用历史。橐吾属多种植物的根茎在中国西北、东北地区作为藏药、维药、朝鲜族民间草药及地方用药，称“山紫菀”，具有止咳化痰、活血化瘀、清热解毒等功效。此外，新疆地区有使用阿尔泰紫菀（*Heteropappus altaicus*（Willd.）Novopokr.）的根；在青海用狗哇花［*H. hispidus*（thumb.）Less.］的根的记载。

商品紫菀主要来自安徽、河北的栽培品种，前者习称“亳紫菀”，后者称“祁紫菀”，紫菀商品来源复杂，同属植物缘毛紫菀（*Aster souliei* Franch.）、重冠紫菀（*Aster diplostephioides*（D.C.）C.B. Clarke）和柔软紫菀（*Aster flaccidus* Bunge）等的根及根状茎，在西藏和西北地区混作紫菀用药，可视为地区习用品。此外，贵州药材标准（1988）收载“紫菀”，和四川药材标

准（1987、2010）收载“川紫菀”为橐吾属植物鹿蹄橐吾（*Ligularia hodgsonii* Hook.）、狭苞橐吾（*Ligularia intermedia* Nakai.）、宽戟橐吾［*Ligularia latihastata*（W.W.Sm.）Hand.–Mazz.］、川鄂橐吾［*Ligularia wilsoniana*（Hemsl.）Greenm.］等的干燥根及根茎。川紫菀药材资源丰富，产销量大，已成为西南地区紫菀类药材的主流商品，在临床上长期代替紫菀使用。甘肃（1995）和吉林（1977）药品标准收载“山紫菀”为蹄叶橐吾［*Ligularia fischeri*（Ledeb.）Turcz］等的根和根状茎，云南药品标准（1996）收载“滇紫菀”为鹿蹄橐吾（*Ligularia hodgsonii* Hook.）的根和根状茎。橐吾属植物在药材商品上为山紫菀的一大来源该属植物作为山紫菀的一个类别供药用是有本草依据和具有相当长的用药历史（谢宗万，1984），已知有30多种橐吾属植物在民间药用，结合目前用药实际情况看（赵显国，1998），广泛使用的6种1变种中，有5种1变种，即川鄂橐吾、狭苞橐吾、毛苞橐吾、蹄叶橐吾、黄亮橐吾及离舌橐吾L.veitchiana（Hemsl.）Greenm.均来源于橐吾组橐吾系及短缨系，仅鹿蹄橐吾1种为伞房组植物，其说明古今用药基本一致。根据现代药理研究，川鄂橐吾、毛苞橐吾、狭苞橐吾均具明显祛痰镇咳作用，与相同剂量的紫菀相当。但部分的根和根状茎含有大量的吡咯里西啶类生物碱，具肝、肺、肾毒性，值得重视。

二、药典标准

紫菀最早被1963年版《中国药典》收录，该版及之后的历年版本对于紫菀来源规定基本相同，均规定了紫菀基原植物只有一种，为菊科植物紫菀*Aster tataricus* L. f. 的干燥根及根茎，未收录紫菀属和橐吾属其他植物。春秋二季采挖，除去有节的根茎（习称母根）和泥沙，编成辫状晒干或直接晒干（1977年及以后版本）。此外，药典还规定了鉴别、炮制、性味、功能、主治、用法用量和贮藏等内容，但随着检测技术的不断改进，对标准细节进行了修订。如1977年版，增加了药材显微鉴别内容，1985年版对显微鉴别细化，增加了对于根茎表皮、皮层和薄壁细胞中菊糖和草酸钙簇晶的鉴别项目。至2010年版增加了薄层色谱法鉴别，对药材指标规定了具体数值标准，提出了利用高效液相色谱法进行含量测定的技术标准，同时增加了饮片标准。2015年版没有进行修订。2015年版《中国药典》记载紫菀的质量评价标准主要包括性状、鉴别、检查、浸出物、含量测定等几方面。

性状：本品根茎呈不规则块状，大小不一，顶端有茎、叶的残基；质稍硬。根茎簇生多数细根，长3~15cm，直径0.1~0.3cm，多编成辫状；表面紫红色或灰红色，有纵皱纹；质较柔韧。气微香，味甜、微苦。

鉴别：（1）本品根横切面：表皮细胞多萎缩或有时脱落，内含紫红色色素。

下皮细胞1列，略切向延长，侧壁及内壁稍厚，有的含紫红色色素。皮层宽广，有细胞间隙；分泌道4~6个，位于皮层内侧；内皮层明显。中柱小，木质部略呈多角形，韧皮部束位于木质部弧角间；中央通常有髓。

根茎表皮有腺毛，皮层散有石细胞和厚壁细胞。根和根茎薄壁细胞含菊糖，有的含草酸钙簇晶。

（2）取本品粉末1g，加甲醇25ml，超声处理30分钟，滤过，滤液挥干，残渣加入乙酸乙酯lml使溶解，作为供试品溶液。另取紫菀酮对照品，加乙酸乙酯制成每lml含lmg的溶液，作为对照品溶液。照薄层色谱法试验，吸取上述两种溶液各3μl，分别点于同一硅胶G薄层板上，以石油醚（60~90℃）-乙酸乙酯（9：1）为展开剂，展开，取出，晾干，喷以10%硫酸乙醇溶液，在105℃加热至斑点显色清晰，分别置日光和紫外光灯（365mn）下检视。供试品色谱中，在与对照品色谱相应的位置上，显相同颜色的斑点或荧光斑点。

检查：水分不得过15.0%（通则0832第二法）。总灰分不得过15.0%（通则2302）。酸不溶性灰分不得过8.0%（通则2302）。

浸出物：照水溶性浸出物测定法（通则2201）项下的热浸法测定，不得少于45.0%。

含量测定：照高效液相色谱法（通则0512）测定。

色谱条件与系统适用性试验　以十八烷基硅烷键合硅胶为填充剂；以乙

腈-水（96：4）为流动相；检测波长为200nm；柱温40℃。理论板数按紫菀酮峰计算应不低于3500。对照品溶液的制备取紫菀酮对照品适量，精密称定，加乙腈制成每lml含0.lmg的溶液，即得。

供试品溶液的制备　取本品粉末（过三号筛）约1g，精密称定，置具塞锥形瓶中，精密加入甲醇20ml，称定重量，40℃温浸1小时，超声处理（功率250W，频率40kHz）15分钟，取出，放冷，再称定重量，用甲醇补足减失的重量，摇匀，滤过，取续滤液，即得。

测定法　分别精密吸取对照品溶液与供试品溶液各20μl，注入液相色谱仪，测定，即得。

本品按干燥品计算，含紫菀酮（$C_{30}H_{50}O$）不得少于0.15%。

三、质量评价

中药材质量的评价主要包括以下指标：传统的商品性状指标、药材的有效成分含量，还有药效学及临床疗效。历代本草中对于紫菀质量评价主要基于药材性状，如根茎的颜色、长短、质地等。陶弘景《本草经集注》曰："本有白毛，根甚柔细"，李时珍谓："其根色紫而柔婉。"《祁州中药志》载"祁州所产紫菀，根粗且长，质柔韧"。近代研究把药效学及临床疗效作为真正代表中药意义上的标准，但其受多种因素制约，方法复杂，耗时较长，难以在实践工作中推广使用。由于药材的化学物质基础（即所含的有效化学成分）与临床疗效密切相关，因此，当今药材的质量评价除使用传统商品性状方法外，随着药材中有效成分的开发利用的不断深入，有效成分的含量在评价药材质量中占据了主导地位，并发展了多种鉴别方法。

色谱法最早是由俄国植物学家茨维特（Tswett）发明的，1906年，他在研究使用碳酸钙分离植物色素时发现色素形成了不同的颜色谱带，色谱法（Chromatography）因之得名。后来在此基础上发展出纸色谱法、薄层色谱法、气相色谱法、液相色谱法。高效液相色谱法（HPLC）是在经典液相色谱法的基础上，于20世纪60年代后期引入了气相色谱理论而迅速发展起来的。它与经典液相色谱法的区别是填料颗粒小而均匀，小颗粒具有高柱效，但会引起高阻力，需用高压输送流动相，故又称高压液相色谱法（HPLC）。2000年版《中国药典》采用薄层扫描法对紫菀中紫菀酮进行含量测定，然而薄层扫描法进行含量测定的系统误差较大，《中国药典》2015年版后紫菀中紫菀酮含量的测定采用了HPLC方法，此方法简便、精确、稳定、可行性强，可作为紫菀中紫菀酮的定量分析方法。

而关于紫菀的质量评价，也有相应报道。周军辉等利用紫菀指纹图谱法分析中以槲皮素作为有效成分对色谱峰进行分离，检出10个共有峰作为定性鉴别，并对槲皮素进行测定。欧仕益利用HPLC法测定紫菀中阿魏酸的含量较高，阿魏酸具有清除自由基、抗血栓、抗菌消炎、抑制肿瘤、防治高血压等作用。田亚平等研究表明紫菀中的黄酮和有机酸成分与紫菀的抗肿瘤作用有很大的相关性，并首次采用HPLC法同时测定紫菀药材中3种有效成分的含量。高文远、吴弢曾用HPLC法测定紫菀药材中紫菀酮的含量，对紫菀的质量进行了评价，只是测定了部分样品中紫菀酮的含量，而没有系统的介绍HPLC测定方法和种质资源之间的差异性。

药用植物由于产地不同，气候土壤等生态环境因子存在差异，对药材质量产生很大的影响。植物不同部位、不同时期有效成分的含量也不尽相同，国内外均有这方面的研究报道。

夏成凯等采用HPLC 法对亳紫菀各药用部位（根状茎、根、母根）进行含量测定，结果其主要成分紫菀酮的含量由大到小依次为根、母根和根状茎。松林等采用HPLC法定量测定蒙药材紫菀花的有效成分槲皮素发现四批样品中槲皮素平均含量为5.2881～8.2216mg/g，指出按干燥品计算，每克含槲皮素（$C_{15}H_{14}O_7$）不得少于3.5mg，该方法样品预处理简单，有效成分分离良好，而且无其他成分干扰，对蒙药材的质量控制提供了方法学参考。田汝美等对不同采收期各部位紫菀酮含量测定结果表明，紫菀酮在地上部位和地下部位中均有积累。随着植株生长发育进程的推进，地下部位中紫菀酮含量呈现先增后减的趋势，均在10月份达到最高值。各部位含量表现为次生根>不定根>芦头>根状茎；地上部位中紫菀酮含量明显低于地下部位，在叶中呈现递增趋势，在10月份干枯时达到最大，而叶柄中紫菀酮含量几乎没有变化。生长年限对紫菀药材中紫菀酮的积累有较大影响，两年生紫菀植株由于抽薹进行生殖生长，造成根部生长缓慢，从而抑制植株中紫菀酮的积累，植株根中紫菀酮含量较低，在0.18%～0.25%，比一年生植株低2～3倍。

因此紫菀在种植过程中宜当年收获或第二年春季收获以获得最高产量和有效成分含量。

第5章

紫菀现代研究与应用

随着中药现代化进程的不断推进，紫菀在中药资源学、化学成分和药理作用研究等方面也取得了相应进展，本章结合相关文献进行了总结。

一、中药资源学研究

紫菀植物资源是在漫长的历史过程中经过自然演化而形成的重要的自然资源，包括栽培品种、野生种、近缘野生种和特殊遗传材料在内的所有可利用的植物材料，是紫菀生产和育种的物质基础，加强资源的收集、保存、鉴定和评价等研究工作是紫菀现代研究的重要内容。

吴弢等研究发现亳紫菀中紫菀酮含量低于祁紫菀，是缺乏提纯复壮及良种繁育措施造成紫菀种质退化的结果，不仅降低了亳紫菀的生产水平，也影响了亳紫菀的内在品质。具体表现为须根数量少、须根直径较细，产量低，植株抗病性弱等。田汝美等以茎毛数、茎粗和芽距为主要因素将祁紫菀种苗划分为3级，不同级别种苗种植一年后的根重和紫菀酮含量差异明显。张庆田等人研究了50份三年生紫菀种质资源，表明紫菀的质量性状和数量性状存在较大变异，其中根茎重变异系数达70.5%，并与株高、茎粗、冠毛长呈极最著相关关系。因此，广泛收集紫菀种质资源，并对数量性状和质量性状进行系统深入研究，对选育优质种源和高产栽培意义重大。

运用分子技术鉴定中药材是现代中药的研究热点。张森等探讨影响紫菀扩增片段长度多态性（AFLP）的因素，并对AFLP 技术参数进行优化分析，为紫菀的基因组DNA 研究提供了方法指导。张达治、张勉等采用分子生物学的方法对含吡咯里西啶生物碱（pyrmlizidinealkaloids, PAs）与不含PAs的山紫菀类药材进行鉴别，结果表明，两类山紫菀类药材的nrDNA ITS 区间序列有着明显的区别。紫菀属药用种类丰富，且栽培品变异显著，因而紫菀分子领域的研究对于优质种源选取、资源保护和系统演化都有积极意义。

二、化学成分

紫菀的化学成分研究，基本上采取不同时期的不同药用部位，经过一系列的提取（95%乙醇提取→乙醇浸膏用水或石油醚提取→得到石油醚层进行减压浓缩；水层用乙酸乙酯萃取→乙酸乙酯层减压浓缩；水层用正丁醇萃取→正丁醇层；水层）、分离（填充硅胶柱进行分离，不同比例的石油醚：乙酸乙酯洗脱试）与纯化（用硅胶色谱柱、凝胶色谱柱、薄层色谱、高效液相色谱进行纯化）并采用光谱学方法进行结构鉴定。就目前研究情况来看，分离的60多种化学成分的分类略有差异，但是大体有以下几种：萜类及其皂苷类、肽类、香豆素类、黄酮类、蒽醌类、甾醇类、有机酸类、酚类、多糖类、挥发油、生物碱以及其他类。

1. 萜类及其皂苷类

萜类及其皂苷类是紫菀的主要成分，也是紫菀属植物的主要特征性成分，其中紫菀酮（shionone）是紫菀的特有成分。1988年从紫菀根中提取分离得到shionoside A与shionoside B，1994年分离出了shionoside C。目前萜类已经被证实是紫菀化痰止咳的主要活性成分。植物化学家对紫菀中化学成分进行了较为系统的研究，从中分离得到的二萜类成分大多数为半日花烷型。三萜及三萜皂苷为该植物的特征性成分，文献报道的三萜类成分有：羊毛脂烷型：分子式为$C_{30}H_{50}O$的无色针晶状化合物紫菀酮、epishionol（表紫菀酮）、astertarone A、astertarone B；木栓烷型三萜：无色片状结晶，分子式为$C_{30}H_{52}O$的化合物表木栓醇、木栓酮和friedel-3-ene；齐墩果烷型三萜：β-香树脂（β-amyrin）和蒲公英赛醇；乌苏烷型三萜：ψ-蒲公英醇；目前分离出的三萜皂苷12个，其母核均为齐墩果烷型，分别是astersaponins A、B、C、D，astersaponins E和F，astersaponins G，astersaponins Ha，Hb，Hc，Hd及foetidissimo-side A。

2. 肽类

肽类是紫菀中一类比较有特色的化学成分，也是紫菀抗肿瘤活性的主要成分。已经分离鉴定出24个肽类化合物中主要为环五肽或直链五肽，氨基酸组成较固定，为脯氨酸（Pro）、L-α-氨基丁酸（Abu）、L-丝氨酸（Ser）、L-β-苯丙氨酸（β-Phe）和L-allo-苏氨酸（allo-Thr）；环四肽仍由以上5个氨基酸组成，只是环合的部分为4个氨基酸；astin P 中出现 L-Ava，这也是 Ava 残基首次在菊科类型环肽中出现。另有1个直链二肽为苯丙氨酸衍生的肽酰胺类物质。还有7个寡肽，其中6个是直链五肽为asternin A-F，一个直链二肽aurantiamide acetat。紫菀中含有人体多种必需氨基酸如缬氨酸、蛋氨酸及微量元素如Cu、Fe、Mn、Mo等。其中Mn是公认的抗癌元素，环五肽经过试验发现对瘤细胞系有中等强度的抑制作用，对小鼠肉瘤细胞的增长有抑制作用。

3. 香豆素类

香豆素有淡黄色针状结晶，在紫外灯光下有蓝色荧光，分子式为$C_{10}H_8O_4$的东莨菪素（6-甲氧基-7羟基香豆素），有抗肿瘤、防治高尿酸血症、降血压、降血脂、抗炎、解痉等作用；WilzerKA等分离了Praealtin A-D、伞形花内酯、Marmin、Epoxyaurapten、6-Hydroxy-β-cy-cloaurapten。王国艳等鉴定了3-甲氧基山柰酚。

4. 黄酮类

紫菀中分离鉴定出多种黄酮类成分，分别为槲皮素（quercetin）、木犀草素（luteolin）、木犀草素-7-O-*β*-D-吡喃葡萄糖苷（luteolin-7-O-*β*-D-glucopyranoside）、芦丁（rutin）、山柰酚（kaempferol）、3-甲氧基山柰酚（kaemferol-3-OMe）、山柰酚-3-O-*β*-D-吡喃葡萄糖苷（kaempferol-3-O-*β*-D-glucopyranoside）、橙皮苷（hesperidin）、芹菜素（apigenin）和芹菜素-7-O-*β*-D-

葡萄糖苷（apigenin-7-O-β-D-glucopyranoside）。其中NgD等研究发现紫菀中的槲皮素、山柰酚有显著的抗氧化活性作用。

许多文献对紫菀中槲皮素的分离和含量进行了研究。张兰桐、周亚楠等用HPLC法测定紫菀药材中槲皮素和山柰酚，为紫菀中的活性成分，含量较高，适于对紫菀药材极性成分进行质量控制。还表明不同来源的紫菀药材中有效成分的含量差别较大，尤其是山柰酚的含量变化差异最为显著，同一产地的药材因采收时间不同，药材中的成分也会发生变化，但变化幅度不大，因此说明地域性对于紫菀药材的影响更大一些。采用HPLC法测定紫菀花中槲皮素的含量，对扩大药材紫菀的药用部位提供了科学依据。紫菀指纹图谱分析中以槲皮素作为有效成分对色谱峰进行分离，检出10个共有峰作为定性鉴别依据。

5. 蒽醌类

紫菀中含有一定量的蒽醌类化合物，主要有大黄素、大黄酚、大黄素甲迷。其中大黄酚、大黄素甲醚是首次从菊科中分离得到的。目前临床上常用的抗肿瘤药物阿霉素及米托蒽醌的基本母核正是蒽醌结构。

6. 甾醇类

目前甾醇类在紫菀中发现的较少，刘可越等经IR、NMR、MS、X-ray单晶衍射等波普方法首次从紫菀中分的β-豆甾醇-β-D-葡萄糖苷、胡萝卜苷、菠菜甾酮、豆甾醇等。刘可越实验中还分离出α-菠甾醇、二十二碳酸、豆甾醇、β-

谷甾醇、α–菠甾醇–β–D–葡萄糖苷、豆甾醇–β–D–葡萄糖苷，而化合物α–菠甾醇、α–菠甾醇–β–D–葡萄糖苷、豆甾醇–β–D–葡萄糖苷为首次从该植物中分得。另外，邹澄等报道从紫菀根中分离出1个酰胺类化合物N–（N–苯甲酰基–L–苯丙氨酰基）–O–乙酰基–L–苯丙氨醇结构式同二肽aurantiamide acetate），经初步的药理筛选发现该化合物具有钙拮抗活性。

7. 有机酸类

紫菀中分离的琥珀酸有广谱的抗菌及镇咳祛痰作用，刘可越等首次在紫菀中分离鉴定了二十二碳酸，王国艳等分离出的有机酸有对羟基苯甲酸（phydroxy benzoic acid）、咖啡酸（ecaffeic acid）、阿魏酸（ferulic acid）、齐墩果酸（oleanolic acid）、棕榈酸、苯甲酸（benzoic acid）、阿魏酸二十六烷酯（Eferulic acid hexacosylester）、二十四烷酸和棕榈酸等成分。

8. 酚类和多糖类

酚类化合物目前已有2种被分离，分别是3–O–阿魏酰基奎尼酸甲酯、（+）–异落叶松脂素9–β–D–吡喃葡萄糖苷。Zhang等通过对紫菀的水提物研究，根据GC分析法证明紫菀中多聚糖由半乳糖：葡萄糖：海藻糖：甘露糖：鼠李糖：阿戊糖为2.1：1.3：0.9：0.6：0.5：0.3的摩尔比例组成，并可以抑制胃癌细胞SGC–7901的生长；DuL等命名的ATP–Ⅱ是紫菀经过DEAE–琼脂糖CL–6阳离子交换和CL–6B凝胶过滤得到，ATP–Ⅱ由半乳糖：葡萄糖：甘露糖：鼠李糖：阿戊糖为5.2：2.1：2.1：1.0：1.2的摩尔比例组成，药理实验表明该多聚糖可以抑制神经胶质瘤C6细胞的增殖，因此可以证实紫菀多糖具有一定的抗肿瘤作用。

9. 挥发油

紫菀按照2015年版《中国药典》四部通则中方法提取出的挥发油进一步经过硅胶薄层色谱法对其分离纯化，经过气–质联用法分析出挥发油中的8种成分，如表5–1所示。文献资料显示化合物1–乙酰基–反式–2–烯–4，6–癸二炔具有一定的祛痰作用，值得进一步开发研究。

表5–1 紫菀中挥发油成分结构

序号	化合物名称	化学分子式	相对分子质量
1	（–）–4–萜品醇	$C_{10}H_{18}O$	154
2	癸酸	$C_{10}H_{20}O_2$	172
3	（–）桉油稀醇	$C_{15}H_{24}O$	220
4	亚麻油酸	$C_{18}H_{32}O_2$	280
5	棕榈酸	$C_{16}H_{32}O_2$	256
6	六氢法尼基丙酮	$C_{18}H_{32}O$	268
7	甲基壬基甲酮	$C_{11}H_{22}O$	170
8	1–乙酰基–反式–2–烯–4,6–癸二炔	$C_{12}H_{14}O_2$	190

10. 生物碱

唐小武等利用经典醇类溶剂提取法从300g生药中提取总生物碱0.4520g，得率为0.1506%。经过体外抑菌效果试验发现紫菀对金黄色葡萄球菌、猪巴杆菌、大肠杆菌、链球菌、沙门杆菌有较强的抑制作用，最低抑菌浓度分别为4mg/ml、2mg/ml、6mg/ml、4 mg/ml和4mg/ml。

11. 其他

从紫菀的根部分离了酰胺类化合物N-（N-苯甲酰基-L-苯丙氨酰基）-O-乙酰基-L-苯丙氨醇，药理研究表明其有钙拮抗的药理活性。

三、药理作用

紫菀归肺经，主治咳嗽痰喘等呼吸道系统疾病。现代药理学研究表明，紫菀不单具有止咳化痰、宣肺平喘的作用，还具有抗肿瘤、抗菌、抗氧化活性以及利尿通便等作用。

1. 镇咳祛痰、平喘作用

（1）紫菀单味药作用　卢艳花等研究表明，紫菀水煎剂、石油醚及醇提液中乙酸乙酯提取物部分都能明显增加小鼠呼吸道酚红排泄量和延长小鼠氨水致咳的潜伏期，石油醚、乙酸乙酯部分提取出的紫菀酮、表木栓醇单体物质表现出明显祛痰作用。刘令勉等通过对离体豚鼠气管解痉作用的研究证明，紫菀能抑制组胺对豚鼠气管的收缩作用而抑制气管痉挛，达到平喘的作用，当紫菀浓度在16.461mg/ml时，对组织胺引起的气管收缩抑制率高达67.5%。

（2）紫菀与其他药配伍作用　紫菀常与款冬花、苏子、麻黄、半夏、杏仁等配伍治疗风寒咳嗽；肺热咳喘常与栀子、黄芩、葶苈子、天花粉等同用；阴虚咳嗽常与知母、贝母、桔梗、阿胶、党参、茯苓、甘草等配伍。在治疗咳嗽的临床中最为常见的为与款冬配伍，始载于《神农本草经》中。二者配伍作为“药对”使用，在《千金方》《圣惠方》《御药院方》《本草纲目》中均有记载。张建伟等通过小鼠肝损伤试验和急性毒性试验表明，紫菀水煎液口服有较强的急性毒性和致肝损伤作用，其中紫菀水煎液LD_{50}为54.1g/kg，与款冬配伍后毒性作用明显降低，紫菀与款冬配比1∶1配伍时毒性减低；通过小鼠氨水及SO_2引咳、气管酚红排泌、家鸽气管纤毛运动及豚鼠离体气管条收缩试验，得到单味紫菀或与款冬配伍均能减少小鼠氨水和SO_2引咳次数，促进气管酚红排泌，延长气管纤毛墨汁移动距离，缓解组胺及乙酰胆碱所致气管痉挛的作用，但是配伍后的作用更强。李娜等以酚红排泄量为指标，通过观察家鸽气管纤毛运动确定紫菀300ml/L乙醇提取物的祛痰效果最好，其中又以900ml/L醇沉部位的祛痰效果最佳，并得出结论，紫菀300ml/L乙醇提取物的900ml/L乙醇沉部位与款冬花水提物的900ml/L乙醇溶液部位配伍祛痰效果最好；张巧真等也通过试验证明，紫菀300ml/L乙醇提取物对款冬花止咳的增效作用优于其他溶剂，而其900ml/L醇溶部位与款冬花配伍后止咳作用的增强效果最为显著。周日贵等通过浓氨水喷雾法和SO_2刺激法对比生紫菀药液和蜜炙紫菀药液的止咳作用，其中浓氨水喷雾法致咳生紫菀和蜜炙紫菀的咳嗽潜伏

期分别为165.10分钟 ± 48.72分钟和179.40分钟 ± 47.40分钟，SO_2刺激法生紫菀和蜜炙紫菀的潜伏期分别为58.60分钟 ± 14.20分钟和73.80分钟 ± 15.18分钟，结果表明，蜜炙紫菀药液的止咳作用比生紫菀药液显著增强。所以，紫菀的镇咳化痰作用是毋庸置疑的。虽然单味紫菀有一定的肝脏毒性，但是只要适量应用即可。并且紫菀与其他药，如款冬花、贝母，经蜜炙都有很好的降低毒性作用，从而起到镇咳化痰作用。

2. 抗菌作用

唐小武等用试管稀释法和纸片法对紫菀乙醇提取物和生物碱提取物进行了体外抑菌效果试验，这些试验证明了紫菀乙醇提取物对金黄色葡萄球菌、巴氏杆菌、大肠埃希菌、链球菌和沙门菌都有较强的抑菌作用，并详细记录了其抑菌圈的直径和最低抑菌浓度及紫菀生物碱提取物对上述各菌的最低抑菌浓度。另外，紫菀1：100浓度时，对牛分枝杆菌有抑制作用；1：50浓度时，对结核分枝杆菌有抑制作用。

3. 抗病毒作用

Zhou等从紫菀中分离鉴定出 6 种新型的三萜类astershionones A–F试验证明astershionone C能够抑制乙型肝炎病毒及其分泌物，对其半抑制浓度分别为23.0μmol/L和23.1μmol/L，其抗病毒的机制是使乙型肝炎病毒细胞产生细胞毒性并抑制其DNA复制。

4. 抗氧化活性作用

张应鹏等通过紫菀茎部、花部提取物对DP-PH自由基清除能力的测定来判定紫菀的抗氧化活性。试验表明，不同浓度的紫菀茎部或花部提取物清除DPPH自由基的能力随着浓度的增大而增大，溶剂的极性不同，对提取物清除DPPH也有显著的影响，极性越大，其对DPPH清除的效果越显著。在茎部和花部提取物中，水的极性最大，所以水的清除效果也最明显，用其萃取得到提取物的抗氧化活性也最大；醋酸乙酯次之，用它萃取得到的提取物对DPPH自由基的清除效果与EDTA也最小，这表明紫菀的花部和茎部提取物都具有抗氧化活性作用。Yen等证明大黄素具有抗氧化作用；Ng等证明槲皮素和山柰酚是很好的抗氧化剂，能够抑制红细胞溶血、脑脂质过氧化作用，槲皮素、山柰酚、东莨菪素和大黄素都能很好地抑制超氧化物自由基的生成。陈睿等证明，紫菀乙酸乙酯提取物对油脂具有较好的抗氧化作用，并且在一定范围内抗氧化效果会随添加量的增加而增强。研究表明，癌症、衰老或其他疾病大都与过量自由基的产生有关联。研究紫菀的抗氧化作用可以有效克服自由基所带来的危害，所以紫菀的抗氧化功效被保健品、化妆品企业列为主要的研发方向之一，对紫菀抗氧化作用的研究也成为现代市场需求之一。

5. 利尿通便作用

贾志新等对紫菀的利尿通便作用进行了研究，灌药1天后采用滤纸称重法测定正常对照组、紫菀高、中、低剂量组（生药浓度分别为3g/10ml，2.25g/10ml，1.5g/10ml）小鼠的排尿量，给药2天后经复方地芬诺酯造模，测定并计算各组碳末推进率及大肠组织中的乙酰胆碱酯酶（AChE）的活力、肠组织的去甲肾上腺素（NE）含量、脑组织的5-羟色胺（5-HT）含量，结果发现3g/kg紫菀能提高碳末推进率，增加小鼠的排尿量；1.5g/kg紫菀能减少NE含量，增强乙酰胆碱酯酶活力；3g/kg、2.25g/kg紫菀可提高小鼠脑组织中5-HT含量。由此可见，紫菀能提高小鼠肠组织乙酰胆碱酯酶活力，减少NE的含量，增加脑组织中5-HT的含量，通过调节上述脑肠肽的分泌，发挥通利作用。

6. 抗炎镇痛作用

目前还没有关于单味药紫菀抗炎镇痛作用的研究，但是有文献报道紫菀与款冬花配伍具有抗炎作用，李聪等通过小鼠毛细血管通透性试验、氨水致小鼠急性气道炎症模型及脂多糖（LPS）刺激巨噬细胞释放NO的变化来观察紫菀、款冬花配伍的抗炎作用，结果为紫菀900ml/L醇沉部分、款冬花醇溶部分、两者配伍部分都能够抑制小鼠毛细血管通透性（抑制率分别为45.1%、45.3%和51.8%）和氨水致敏引起的急性气道炎症（抑制率分别为48.0%、53.4%和61.4%），并都能抑制LPS刺激RAW 264.7细胞释放NO。由此可以看出，单味紫菀900ml/L醇沉部分的抗炎止痛效果最好。童瑾等通过细胞试验及临床治疗证实紫菀提取物及紫菀皂苷有抗慢性阻塞性肺炎的作用。紫菀中还存在许多抗炎

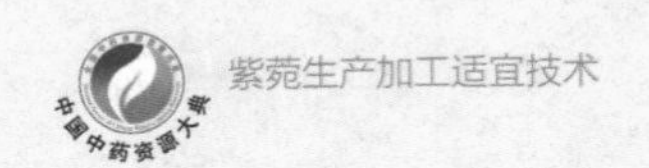

止痛的药理成分，如大黄素、槲皮素有抗炎抑菌的作用，所以，紫菀具有一定的抗炎镇痛作用。

7. 抗肿瘤作用

肽类是中药紫菀抗肿瘤的主要成分。另外，紫菀根中含有丰富的人体必需的微量元素（Ca、Mn、Se、Fe、Cu、Zn、Mo），而这些元素都在人体中起着重要作用，如缺Mo可使食管癌的发病率增高。锰是公认的抗癌元素，参与DNA、RNA和蛋白质的生物合成，并且在传递信息、内分泌活动及对自由基生成和灭活等方面均发挥着重要作用，特别是锰超氧化物歧化酶（Mn-SOD）减少可诱发机体肝癌的发生。锌有抗癌作用，其能保护细胞膜的完整性。硒具有抗肿瘤、延缓衰老、增加机体细胞免疫和体液免疫的作用。这些元素与中药水煎剂的抗肿瘤作用高度相关。贺志安等研究了紫菀水提取物的体内抗肿瘤作用，制作荷瘤S180小鼠和荷瘤HePA小鼠模型，用高、中、低三种浓度紫菀水提取物进行小鼠体内抗肿瘤试验，观察小鼠体重变化及腋下瘤组织重量，结果证明紫菀水提取物的抗肿瘤活性有选择性，对荷S180肿瘤增殖有较好的抑制作用，抑制率分别为57.7%、18.9%、10.1%、而对荷HePA肿瘤的抑制作用稍差一些，分别为18.8%、12.5%和8.3%。另有研究表明，紫菀中的环五肽astins A、B、C都对小鼠肉瘤细胞的增长具有抑制作用。

紫菀水提物中多糖成分能够抑制胃癌细胞SGC-7901的生长，该多

聚糖由半乳糖、葡萄糖、海藻糖、鼠李糖、阿戊糖、甘露糖以摩尔比率2.1：1.3：0.9：0.5：0.3：0.6组成。Du等通过DEAE-琼脂糖CL-6阳离子交换和琼脂糖CL-6B凝胶过滤从紫菀提取物中分离纯化得到一种多聚糖类物质，命名为ATP-Ⅱ，该物质由葡萄糖、半乳糖、甘露糖、鼠李糖、阿戊糖以摩尔比率2.1：5.2：2.1：1.0：1.2组成，并通过试验证明ATP-Ⅱ能抑制神经胶质瘤C6细胞的增殖，其原理是诱导DNA突变和细胞凋亡。同样的，口服ATP-Ⅱ能够保持肿瘤细胞稳定并通过上调Bax/Bcl-2的比率和激活caspase-3，8，9及下调Akt含量诱导游移的肿瘤组织细胞凋亡。

四、应用

中药紫菀辛散苦降，温而不燥，归肺经而具润肺降气、化痰止咳之效，故不论寒热虚实，内伤外感等各种咳嗽，均可应用。治外感风寒、咳嗽不爽，常配伍百部、桔梗等，如《医学心悟》止嗽散；治肺寒咳嗽，日久不愈，多配伍款冬花、百部等，如《图经本草》紫菀百花散；治肺热咳嗽，痰黄而稠，可配伍桑白皮、枇杷叶等，如《世医得效方》紫菀膏；治热伤脉络，咳嗽咳血，则配伍茜草，如《鸡峰普济方》紫菀丸；治肺痨咳嗽、痰中带血，配伍阿胶、五味子等，如《医垒元戎》紫菀散；若久咳不愈，可配伍款冬花，如《备急千金药方》“治三十年咳”方。

现代医学研究又进一步开发出紫菀新的应用领域，如雾化吸入远志皂苷和紫菀皂苷治疗慢性阻塞性肺疾病，以加味止嗽散治疗间质性肺炎达到100%有效率，以款冬花、紫菀冰糖饮辅佐西医常规治疗对婴幼儿肺炎的治愈效果达85%，用口服复方紫菀饮加化疗MVP方案治疗晚期非小细胞肺，总有效率达87.5%等。

此外，紫菀还可以用于治疗呼吸道感染、支气管哮喘、习惯性便秘等疾病。

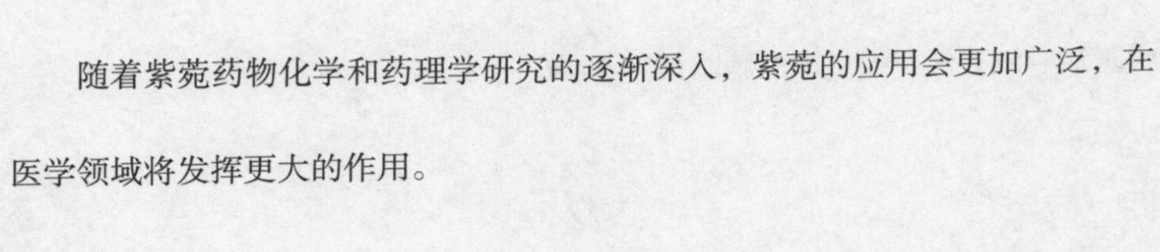

随着紫菀药物化学和药理学研究的逐渐深入，紫菀的应用会更加广泛，在医学领域将发挥更大的作用。

参考文献

[1] 国家药典委员会. 中华人民共和国药典（一部）[M]. 北京：中国医药科技出版社，2015，43.

[2] 中国药用植物志编委会. 中国药用植物志（第十二卷）[M]. 北京：北京大学医学出版社，2013：95–97、124–126.

[3] 谢晓亮，杨太新. 中药材栽培实用技术500问[M]. 中国医药科技出版社，2014.

[4] 彭文静，辛蕊华，任丽花，等. 紫菀化学成分及药理作用研究进展[J]. 动物医学进展，2015，36（3）：102–107.

[5] 李志，王梓辛，耿胜娟，等. 菊科紫菀属3种植物的核型分析[J]. 西北植物学报，2015，35（6）：1148–1152.

[6] 田汝美，孟义江，李文燕，等. 紫菀种质资源的评价与分析[J]. 植物遗传资源学报，2012，13（6）：984–991.

[7] 田汝美，孟义江，葛淑俊. 祁紫菀种苗质量分级标准的初步研究[J]. 河北农业大学学报，2011，34（4）：16–20.

[8] 金晶，张朝凤，张勉. 紫菀的化学成分研究[J]. 中国现代中药，2008，(6)：20–22.

[9] 修彦凤，程雪梅，刘蕾，等. 不同紫菀饮片中紫菀酮的含量比较[J]. 上海中医药大学学报，2006，(2)：59–61.

[10] 郭伟娜，程磊，方成武. 紫菀母根结构、主要药用成分积累部位及含量研究[J]. 时珍国医国药，2016，27（11）：2614–2616.

[11] 魏书琴，宋宇鹏，张焕柱，等. 不同磷肥施用量对紫菀产量及有效成分含量的影响[J]. 北方园艺，2015，(23)：153–155..

[12] 程磊，陈娜，赵鑫磊，等. 雌花两性花同株植物紫菀的花器官分化与发育[J]. 贵州农业科学，2015，43（4）：7–10+2.

[13] 夏成凯，郭伟娜，程磊，等. 亳州地产药材紫菀质量标准研究[J]. 湖北医药学院学报，2014，33（6）：588–591、625.

[14] 夏成凯，程磊，李静，等. 亳紫菀不同药用部位有效成分含量比较与分析[J]. 甘肃中医学院学报，2014，31（4）：30–32.

[15] 郭伟娜，程磊，牛倩. 中药紫菀的本草沿革及现代资源研究现状[J]. 安徽农业科学，2013，41（24）：9943–9944、9947.

[16] 房慧勇，单高威，秦桂芳，等. 紫菀的化学成分及其药理活性研究进展[J]. 医学研究与教

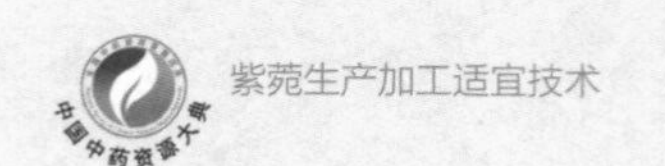

育，2012，29（5）：73–77.

［17］贾志新，王世民，冯五金，等．紫菀通便利尿作用研究［J］．中药药理与临床，2012，28（1）：109–111.

［18］李艳，罗开萍，陈园园，等．浅析我国紫菀的研究现状［J］．广西轻工业，2010，26（1）：7–8.

［19］张庆田，艾军，李昌禹，等．紫菀种质资源研究［J］．特产研究，2009，31（3）：43–45、49.

［20］陈文建．紫菀及非正品山紫菀的鉴别［J］．海峡药学，2007，（4）：59–60.

［21］黎维平，刘胜祥．小花三脉紫菀和狭叶三脉紫菀的区别：形态学和细胞学证据［J］．植物分类学报，2005，（1）：31–36.

［22］张积霞，白素平，席荣英，等．紫菀和山紫菀微量元素的测定［J］．微量元素与健康研究，2002，（1）：37–38.

［23］赵显国，李志猛，张勉，等．中药山紫菀类研究——Ⅰ．山紫菀类药材药源调查及原植物鉴定［J］．中草药，1998，（2）：115–119.